调调

Flowing Melody

生活讲情调，艺术有腔调！

一叶知匠心

国韵·茶

张金发 编著

化学工业出版社
·北京·

特约顾问： 都海江 郑志杰 王　宇

总策划： 黄俊霖

策划： 滕小丽 罗晓芹

编著： 张金发

编辑组： 罗晓芹 钱玉珍 杨华峰 吕宗洲 陈永据 李　铭 查六君 薛理斌 刘忠良 刘龙材 易善江 杨　光 王　强 刘邦治 李　娅 黄　甜 张文冠 宁宏梅 卜美玲 王　炜 周金兰 管远生

图书在版编目(CIP)数据

一叶知匠心：国韵·茶 / 张金发编著. -- 北京：化学工业出版社，2025. 10. -- ISBN 978-7-122-48812-1

Ⅰ.TS971. 21

中国国家版本馆CIP数据核字第2025LC1655号

责任编辑：宋晓棠　徐华颖　　装帧设计：尹琳琳

责任校对：王鹏飞　　排版设计：溢思视觉设计 / 蔡多宁

出版发行：化学工业出版社

（北京市东城区青年湖南街13号　邮政编码100011）

印　　装：北京宝隆世纪印刷有限公司

710mm×1000mm　1/16　印张$18^{3}/_{4}$　字数238千字

2026年1月北京第1版第1次印刷

购书咨询：010－64518888　　售后服务：010－64518899

网　　址：http://www.cip.com.cn

凡购买本书，如有缺损质量问题，本社销售中心负责调换。

定　　价：198.00元

中宣部原副部长、中国文联原党组书记
中国关心下一代工作委员会常务副主任

胡振民

序言

吾以茶香待娇客，远疆四海为故人。茶是中国人生活中最常见的饮品，也用于中国人待客的礼仪，它象征着我们的友好，蕴含着深厚的文化内涵，传达了中国人温雅的精神追求。

茶是中国丝绸之路上的重量级产品，也是中国与世界交流的文化符号之一。从生活需要，到精神追求，再到生活理念的重塑，茶对于中国人意义重大。

观看茶的历史，是令人欣喜与兴奋的。关注茶的当下，也让人振奋。大家对于茶的关注点多在于饮用上，对于茶的制作技艺实际上是关注较少的。但制作技艺的传承发展恰恰是茶文化发展的基础，巧妇难为无米之炊，茶制作是茶文化存在的基石。本书中对于各个茶系重要的代表性传承的系统性讲述，着实难能可贵，编写难度之大，可见作者在编写上的用心非比寻常、令人惊叹。而书中提出的茶境空间理念，从大众生活出发，从茶思、茶意、茶艺多个方面入手，对于现代茶文化发展独具积极意义。

对于物质、非物质文化遗产的保护与发展是社会各界十分关注的，当前的遗产保护工作已经从抢救性保护进入了系统化发展的重要阶段。国家级茶类非物质文化技艺的发展，让我们看到了茶的过去、茶的现在与茶的未来，更从实际出发，启发我们，非遗不是展示是使用，是生活的发展，是发展的生活。非物质文化遗产的保护，重点是保护，但是应该以发展的方式去保护。

在初阅书稿后，我进一步了解到，书中茶技艺的八个国家级代表性传承项目，不仅有历史，有传承，更有现代化的产业发展与文化布局。以图书对此进行理论系统化的梳理记录，是作者促进中国传统文化发展的重要课题，他期待能够有更多的文化传承者，通过这些案例，了解、感受文化传承综合发展的重要意义。

什么样的方式能够对文化遗产的长效性留存、多维度发展起到作用，一直是每一位文化守护者研究、发掘的重要方向。2023年9月2日至11月30日由故宫博物院主办，在故宫博物院午门及东西雁翅楼展厅展出的“茶·世界——茶文化特展”，汇集国内外30家考古文博机构的代表性藏品，展品总数达555件（组），以鲜明的主题、宏大的规模，立体展现穿越历史、连通地域、融合民族的中华茶文明。故宫的展览以中国茶文化为切入点，多维度地展现中华文明以茶为媒，交融互鉴的发展历程。但从长效性留存的角度讲，图书这个传统的文化传播媒介的系统性记述作用，可以说是至关重要的。而本书以图书为“源地”进行框架性构建的，能够有的放矢地进行数字化以及创新性产品发展与开发的创新出版模式，也让人眼前一亮。从这本书，我感受到了茶文化综合性发展的光明前景，从图书编写团队的热忱中，我看到了中国非遗文化发展的星火燎原之势。

期待本书能够早日与广大读者见面！共享茶文化雅宴。

故宫博物院党委书记

前言

一盏红茶开鸿运，

一盏绿茶赋新生，

一盏黄茶提气运，

一盏青茶解烦忧。

两盏白茶强体魄，两盏黑茶固本源。

四象解表，两仪大方。

赏皇家普洱醇厚，感情思茉莉茶香。

轻诉茶语，寓意吉祥。

一片东方的树叶，似不经意间，丰富了中国人的生活与精神，拉近了人与人之间的距离，增进了人与人之间的情义，承载着千年的历史与文化，穿越岁月的长河，至今仍在我们的生活中散发着独特的魅力。它不仅是一种饮品，更是一种文化的象征，一种生活的艺术，一种精神的寄托。一杯茶，有着“和合共生”的古老智慧。

一片树叶邂逅时光里的茶之韵，人在草木中感受千年文化赓续。中国是茶的故乡，茶的历史源远流长，茶的品类丰富多样。远古的先民在实践中完成了茶的驯化，茶气融合在袅袅炊烟中，伴随着社会发展的历史，逐步成为中国人生活中极为重要的部分。茶对于中国人，有着极特殊的含义。

编写茶文化图书是一项兼具文化传承与大众科普意义的重要工作。作为一名文化工作者，自认为责任重大。在编写的过程中，我一直在思考，应该从几个维度入手？我们应该了解茶的分类，应该关注茶的历史，更应该展现茶的现在，期许茶的未来。

基于此，书中从茶的基础概念出发，简述了茶的基本类别，以“历史文脉、技艺传承、生活空间”为主要脉络。从“历史文脉”解读茶文化的发展过程；通过展示当代八个国家级茶非遗技艺的传承，讲述中国茶的发展现状；从“生活空间”构建的角度，展现茶空间的发展前景，让来到空间里的人真正地切身感受到茶与茶文化的魅力。

文稿编创是一场充满挑战与惊喜的旅程，恰若人生。材料浩如烟海，梳理需抽丝剥茧，但成果也令人欣喜。这个过程，能引领我们开启化繁为简的生活智慧，领略苦尽甘来的人生旅程。我期待，通过这本书的讲述，让更多的人能够感受茶文化，爱上茶文化。

希望您围坐茶席观茶韵、品茶香，用茶文化滋养“精神力”。我会一如既往地成为中国非物质文化遗产项目的守护者、宣传者，为中国传统文化的传承发展尽一些绵薄之力。

在此非常感谢与我同行共进的八位非物质文化遗产代表性传承人的鼎力支持，你们让这本书更加完善；感谢出版社的组织、邀请，是各方的通力配合，让此次成书之旅充满惊喜。

书中一些未尽之处，还希望广大读者不吝赐教，指正。

愿茶香常伴，愿生活美好。

张金发

2024年5月

第三章　茶风孕育于两汉

第四章　茶韵形成于三国两晋南北朝

目录

第六章 宋代茶文化的巅峰与辽金茶事

第五章　茶文化兴于唐代

第九章　茶意不歇的清代

第十章　融茶于生活的当代

第十一章　人文空间茶生活

第一章

打开中国茶文化的门

（一）与茶初相识

茶是一种植物，山茶科常绿灌木或乔木，是茶树上的嫩芽和叶。

茶是一种药物，医学界的很多著作都论述了茶的药理价值。

茶是一种饮品，在茶树上采摘的嫩芽和叶经制备后，可煮、可泡；茶中含多种有益成分，利于健康。

茶是一种文化，从物质到精神，是天地自然的无私赐予，是经历代茶人与文人骚客的共同构建形成的文化艺术。

茶香拂面,情意绵长。谈到中国文化，第一时间想到的大概是诗情画意的人文艺术，若说到中式生活，那得是焚香烹茶的雅趣。

茶本是一片来自山野的树叶而已，是古人类发现它以后，在漫长历史过程中不断地对野生树叶进行利用、炮制，逐步演变到“茶”。茶因人演变出新的价值，从而逐渐形成了茶文化。它既是物质享用，又是精神享受。

茶是一种追求，儒、释、道传统文化思想浸润着中国的文人雅士，他们以真为本，以善为心，以美为韵。寄情、寄兴于田园山水之间、于阡陌楼台之上、于庭院草木之中，与熏香、琴、棋、书画、诗词等为伴，从中求得内心的愉悦，达到心灵的平衡。

茶是一种哲学，以心为道，感悟人生；以悟为养，修身养性。茶性、茶德、茶道，实为人性、人德、人道。宋徽宗称茶“中澹闲洁、韵高致静”，亦有文人把茶誉为“清白之士”。佛家倡导“禅茶一味”等，体现了“茶之为用”，最宜精行俭德之人。

茶是一种媒介，以茶会友、以茶学文、以茶待客、以茶促旅等连接着人与人、人与茶、人与心、人与自然，从而相遇、相聚、相知、结缘。

茶最终是一种文化生活，一杯茶，一闲暇，融于人间烟火气，让人更健康、更愉悦。在生活中被不断赋予意义，展现出人文的气息，雅趣终成。与人品茶，人茶共品，出趣、出慧、出智、出神。

从古代丝绸之路、茶马古道、万里茶道，到今日的“一带一路”，中国茶叶对外贸易及制茶、品茶等茶文化远播全球，是中华文明与世界文明长期交流互鉴的重要标志。其活态、民生等属性，恰好是文化共享、文明传播的最佳素材与最佳载体，也是传承中式生活美学文化的重要载体，更是文明互动演进的生动佐证。

· 历代主要饮茶法

煮茶法

茶作为饮品，有实证的可见于战国时期，但不知制法。

三国时期《广雅》中记载的煮茶法是先炙烤茶饼令其颜色发红，再捣成末放入瓷器中，用沸水冲泡，再加入葱、姜、橘子等进行搅拌，据说饮用后可以醒酒。这时的煮茶更像是一种羹饮。

煎茶法

中唐时期流行的煎茶法，是陆羽在《茶经》里总结和规范的一种茶的烹煎方法。

首先，将茶叶烤干后碾成粉末，选好水倒入釜中，炭火烧开，不能全沸，只要有类似鱼眼样的水泡微露时，调盐，称第一沸；边缘像泉涌连珠时，为第二沸，加茶末；到了似波浪般翻滚奔腾时，称三沸，待沫饽均匀，就可以饮用了。再继续煮，水过老就不适合饮用了。这种方法在唐代中晚期非常流行。

点茶法

点茶法是宋代主流的饮茶方式，突出的特点就是饮用的茶汤上有泡沫。

宋人点茶就是将茶饼碾成粉末状，舀一点点粉末，放在茶盏中，微沸的水少量注入盏中，用茶筅搅动成均匀的茶膏，再一边注水，一边用茶筅击拂茶汤，使茶汤出现稳定而持久的泡沫，直至水乳交融，沫饽洁白，即可饮用。

泡茶法

泡茶法从明清到现代，在民间广泛使用，应该是人们最熟悉的饮茶方式了。不过中国各地的泡茶方法区别很大，各类茶的冲泡不尽相同。大体上，以发挥茶味，显茶汤色，不失茶香味为基本要求。现代的袋装茶，发味很快，茶叶渣滓也不入口，是一种不同从前的创新。而奶茶、花茶等各式茶饮也各有自己的冲泡“秘诀”，“各茶各论”还需要爱茶的人们去逐一探索。

· 我们常说的六大茶系

我们现在常说中国的传统六大茶系，是基于茶叶的制法与品质系统性、内质性的主要变化以及茶叶发展历史，以茶多酚的氧化程度为核心，兼顾了科学性与历史文化特点总结的。

“茶”从长期的种茶制茶的实践中，不断改进，不断变化，不断完善，从野生的鲜叶发展成为日用饮品。就制茶方法而言，制茶技术的发展，大致可分为以下几个阶段（各阶段有时是同步发展的）：

第一阶段	晒干与生煮羹饮
第二阶段	制造饼茶碾末泡饮
第三阶段	蒸青制绿茶
第四阶段	蒸青团茶发展到炒青散茶 （从蒸青团茶到蒸青散茶； 从蒸青散茶到炒青散茶； 炒青技术成熟衍发出各种炒青名茶）
第五阶段	从绿茶发展到六大茶类
第六阶段	其他再加工茶类

1979年，我国茶学高等教育创始人之一的安徽农业大学陈椽教授，在《茶叶分类的理论与实际》中正式提出中国六大茶类的茶叶分类方法。陈椽教授的分类方法不仅保留了传统茶叶的分类，还结合了茶叶内部主要化学成分的变化规律，使分类更加科学化和系统化。他将茶叶分成绿茶、黄茶、黑茶、青茶（俗称乌龙茶）、白茶和红茶。这个分类方法奠定了现代茶叶科学分类的基础，并被广泛认可和应用，但当时未以标准的形式进行规范。

2022年11月29日，“中国传统制茶技艺及其相关习俗”被列入联合国教科文组织人类非物质文化遗产代表作名录，内容涉及茶园管理、茶叶采摘、茶的手工制作，以及茶的饮用和分享的知识、技艺和实践。其涵盖了“茶”完整的知识体系、广泛深入的社会实践、成熟精湛的传统技艺、种类丰富的手工制品，对于弘扬中国茶文化、深化文明交流互鉴具有重要意义。

2023年4月，在我国2014年发布的《茶叶分类》以及2018年发布的《茶叶化学分类方法》的两个国家标准的基础上，由安徽农业大学茶树生物学与资源利用国家重点实验室牵头协调国内多家单位，并联合了来自印度、英国、德国、日本等国的茶叶技术专家，按照ISO标准制修订规则共同协商制定，经国际标准化组织审定后正式出版发布国际标准ISO 20715：2023《茶叶分类》。这标志着中国六大茶类的分类体系上升为ISO国际标准。这是我国在茶叶标准国际化领域取得的具有里程碑意义的成果。

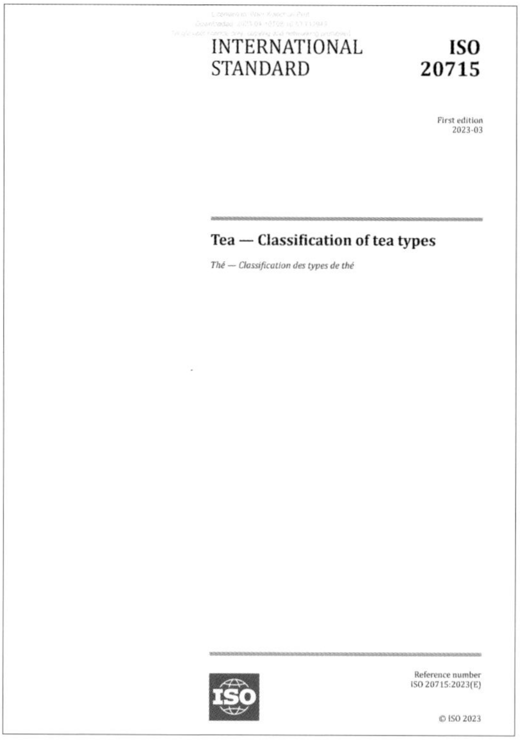
INTERNATIONAL STANDARD

ISO 20715

First edition
2023-03

Tea — Classification of tea types

Thé — Classification des types de thé

Reference number
ISO 20715:2023(E)

© ISO 2023

该项国际标准根据茶叶加工工艺和品质特征，将茶叶分为：

绿茶（炒青、烘青、晒青、蒸青、碎绿茶、抹茶）

白茶（芽型、芽叶型）

黄茶（芽型、芽叶型）

青茶（乌龙茶）

红茶（传统红茶、红碎茶、工夫红茶、小种红茶）

黑茶（普洱熟茶、其他黑茶）

除了这六大茶类，人们根据口味偏好，还有再加工的花茶、奶茶、紧压茶、工艺造型茶等。

（二）茶叶的区分

六大茶类，按照茶的发酵程度，绿茶属于不发酵茶，白茶属于轻微发酵茶，黄茶属于微发酵茶，青茶属于半发酵茶，红茶属于全发酵茶，黑茶属于后发酵茶。

还有两种相对特殊的品类，一种是普洱茶，普洱熟茶属于黑茶类，但普洱生茶因为不进行发酵不属于黑茶，因此需根据具体茶品细分。另一种是花茶，属于再加工茶，其类别与采用的底茶有关。

· 绿茶

绿茶属于不发酵茶，种类很多，加工方式多样，基本工艺可概括为杀青、揉捻或做形、干燥。

杀青是绿茶加工中的关键步骤，目的是通过高温迅速破坏鲜叶中的酶活性，防止茶叶氧化变色，保留茶叶的本色和鲜爽醇厚的味道。不同品类的绿茶的外形特征、色泽、茶汤和叶底也会有所不同。

黄山毛峰

由于制作工艺不同，绿茶又分为：炒青绿茶、烘青绿茶、蒸青绿茶、晒青绿茶。

绿茶主要品类有黄山毛峰、西湖龙井、碧螺春、六安瓜片、太平猴魁、信阳毛尖、安吉白茶、恩施玉露、紫笋茶、都匀毛尖茶、雨花茶、蒙山茶、婺州举岩、上犹绿茶、婺源绿茶等。

· 白茶

白茶属于轻微发酵茶，加工的基本工艺为萎凋、干燥，不炒不揉，加工工艺独树一帜，是中国的特色茶类。主产于福建省，茶叶满披白毫，新茶汤色嫩黄、浅、淡，滋味清甜甘醇。具有越陈越佳的特质，长期存放的老白茶汤色渐深、香气更浓、滋味愈发醇厚。

萎凋：白茶制作的关键步骤，通过自然晾晒或室内通风，使鲜叶中的水分逐渐散失，同时茶叶内部的化学成分发生缓慢变化。萎凋过程中，茶叶的香气逐渐显现。

白毫银针

白茶主要品类有福鼎白茶（白毫银针、牡丹、贡眉、寿眉）、政和白茶、月光白等。

· 黄茶

君山银针

黄茶属于微发酵茶，加工的基本工艺为摊晾、杀青、摊凉、烘干、闷黄、足火、精选，形成黄茶品质的关键工序是闷黄。闷黄是黄茶黄叶黄汤的品质特征形成的关键步骤。通过在湿热条件下让茶叶进行非酶促氧化，茶叶中的多酚类物质发生化学变化，叶绿素分解，叶黄素显现，从而形成黄茶的黄色。

黄茶主要品类有君山银针、霍山黄芽、蒙顶黄芽、平阳黄汤、北港毛尖、远安黄茶等。

· 青茶

青茶属于半发酵茶，是中国的特色茶类。

青茶加工的基本工艺为萎凋、做青（摇青与晾青）、杀青、揉捻和干燥，其加工结合了绿茶和红茶的制作工艺。茶叶具有绿叶红镶边的特征，汤色橙黄或金黄，主产于福建、广东和台湾。

摇青是青茶制作过程中最具特色和关键的工艺环节。摇青并不是一个孤立的步骤，而是与晾青交替进行，属于“做青”阶段的核心步骤。通过摇青，茶叶的边缘细胞受损，促进茶多酚的酶促氧化，从而形成乌龙茶独特的“绿叶红镶边”特征，并激发香气的产生。

青茶主要品类有武夷岩茶（大红袍、铁罗汉、白鸡冠、水金龟、肉桂、水仙等）、铁观音、漳平水仙茶、黄金桂、凤凰单枞、东方美人、冻顶乌龙等。

· 红茶

红茶属于全发酵茶，其加工的基本工艺为萎凋、揉捻、发酵和干燥。发酵是形成红茶品质特征的关键工序。红茶具有红叶红汤的品质特征，也是其名字的由来。

红茶按制作方法不同，分为小种红茶、工夫红茶和红碎茶三类。

小种红茶：原产于福建，茶叶具有浓郁的松木烟香。

工夫红茶：以做工精细而得名，按产地不同分祁红、滇红、宁红、闽红等，品质各具特色。

祁门红茶

红碎茶：工艺以切代揉，呈细小颗粒状，滋味浓、强、鲜。

红茶主要品类有祁门红茶、正山小种、坦洋工夫茶、滇红茶、宁红茶、英德红茶、遵义红茶等。

· 黑茶

黑茶属于后发酵茶，具有独特的微生物发酵过程和越陈越香的品质特点，是中国的特色茶类。黑茶加工的基本工艺为杀青、揉捻、渥堆、干燥，形成黑茶品质的关键工序是渥堆。品质特征为叶色黄褐或黑褐，汤色橙黄或橙红。

渥堆：指将经过杀青和揉捻的茶叶堆积成一定高度，通过洒水、覆盖麻布等方式，利用湿热作用和微生物的活动，使茶叶发生深度发酵的过程。

茯砖茶

黑茶主要品类有湖南黑茶（茯砖茶、千两茶、湘尖茶、黑砖茶、花砖茶）、湖北青砖、广西六堡茶、下关沱茶、云南熟普、南路边茶、四川康砖、咸阳茯茶等。

· 普洱茶

普洱茶是以云南大叶种晒青毛茶为原料，经过特定的加工工艺制成的茶。根据加工工艺和发酵程度的不同，普洱茶可以分为普洱生茶和普洱熟茶。

普洱茶

普洱生茶在常温、常湿状态下自然陈化（氧化），随着时间的推移，口感和香气逐渐变化，日久弥香。自然陈化程度在相应的时间范围内越陈越香，如普洱贡茶等。普洱熟茶属于后发酵茶，发酵程度较高，具有浓郁的陈香和醇厚的口感。属普洱生茶之后的再加工茶，是普洱茶的后起之秀，是20世纪70年代才成熟的工艺。

· 花茶

花茶又被称为熏花茶、窨花茶、香片，属于再加工茶类，是中国特有的香型茶。一般花茶都是用绿茶作为茶坯，也有用红茶或乌龙茶制作的。

茉莉花茶

根据茶叶中所用的鲜花不同，如茉莉、白兰、珠兰、桂花、玫瑰等，称为茉莉花茶、珠兰花茶、桂花茶、玫瑰红茶等 。花茶中以茉莉花茶产量最高，广受欢迎。

第二章 茶之初现于先秦

伴随人类农业技术的发展，茶树从野生发展到人工种植。中国是世界上最早种茶、制茶、饮茶的国家，而重要的史前遗存印证了茶与华夏先民之间的紧密联系。

先秦时期，是茶文化初现的时期。

巴蜀地区温暖湿润的气候，非常适宜茶树的种植，茶在这里生根发芽，茶文化的种子也就此种下。巴国以茶与其他珍贵产品纳贡于周王室的史实记载，印证着茶的珍贵。战国的茶叶遗存，也透过千年历史，为我们描绘着曾经人们与茶相伴的生活。这些早期的实践和认识为后来的茶文化发展奠定了基础。

（一） 原始茶的驯化

· 六千年前的茶树揭开茶的历史

2004年在河姆渡文化田螺山遗址考古发掘中，出土了树根类植物遗存，树根呈条状、块状或球状，中国农科院茶叶研究所对部分树根及浸泡液进行化学检测，在树根和浸泡液中都发现了茶叶特有的茶氨酸成分。这一发现，将最早人工种植茶树的历史推到距今约6000年，这些树根是迄今为止我国境内考古发现的最早的人工种植茶树的遗存。

同时出土陶盉等遗物，这件陶盉有半环形把手，另有出水小嘴，形同煮茶的壶，可推测6000年前田螺山一带的先民们已开始人工栽培茶树，并使用陶器煮茶。

人工种植的茶树根
浙江省文物考古研究所藏

陶盉
浙江省文物考古研究所藏

· 传说中的茶

传说中神农氏是种植农业的引领者，东汉武梁祠画像石上有神农氏耕田的图像，画侧榜题：“神农氏因宜教田，辟土种谷，以振万民。”《茶经》记载：“茶之为饮，发乎神农氏。”传说是神农氏发掘了原始茶的药用价值，随着农业技术的进步，茶树由野生发展到后期的人工种植。《格致镜原》引录：“神农尝百草，一日而遇七十毒，得茶以解之。”从神农氏得茶解毒的传说，可以间接感受到茶文化的萌发。

山东省嘉祥县东汉武梁祠画像石炎帝神农氏『耜耕像』拓片

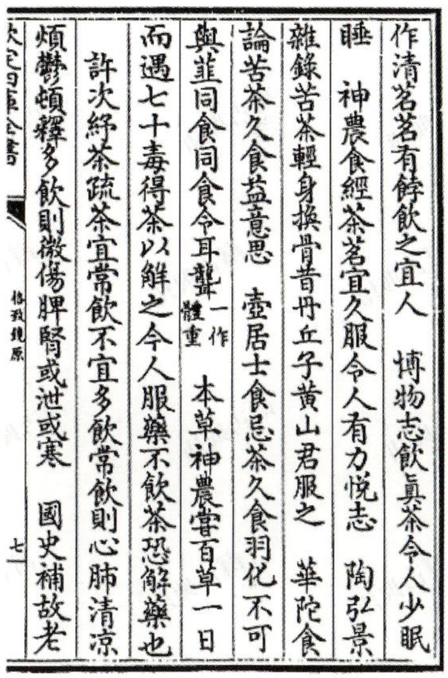

欽定四庫全書　　格致鏡原　　七

作清茗茗有餑飲之宜人　博物志飲眞茶令人少眠
睡　神農食經茶茗宜久服令人有力悅志　陶弘景
雜錄苦茶輕身換骨昔丹丘子黄山君服之　華陀食
論苦茶久食益意思　壺居士食忌茶久食羽化不可
與韭同食令耳聾一作體重　本草神農嘗百草一日
而遇七十毒得茶以解之令人服藥不飲茶恐解藥也
許次紓茶疏茶宜常飲不宜多飲常飲則心肺清涼
煩鬱頓釋多飲則微傷脾腎或泄或寒　國史補故老

《格致镜原》影印资料

（二）

巴国“纳贡”珍品拉开茶的序幕

周武王伐纣时，巴国曾经派出军队跟随周武王作战，并参加了在牧野的大决战，为周朝建立立下汗马功劳，周王朝建立后，巴国就成了周朝的属国，巴国用所产茶作为“纳贡”珍品，进贡给周王室。常璩所著《华阳国志·巴志》记载，巴国进贡物品有“其果实之珍者：树有荔支，蔓有辛蒟，园有芳蒻、香茗。”茗即茶，这是茶作为贡品的最早记载，而巴国也是目前可知世界上最早采制茶叶的国家。另外从园中有“香茗”来看，四川的茶树种植可追溯到西周初年。

《华阳国志》是中国现存最早且保存较完整的一部地方志，是研究中国西南地区山川、历史、人物、民俗的重要史料。记录了从远古到东晋永和三年的巴蜀史事。

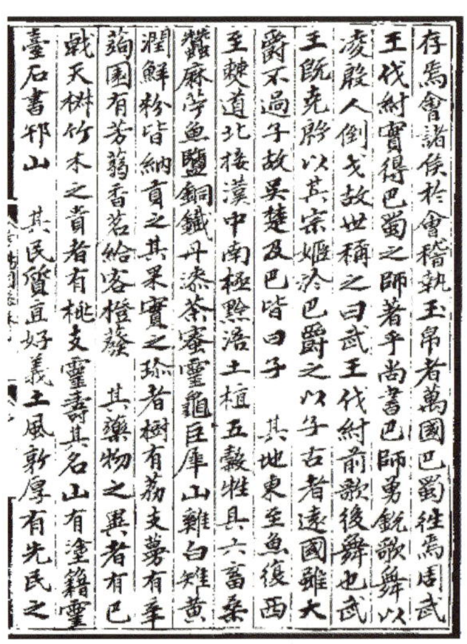
存焉會諸侯於會稽執玉帛者萬國巴蜀往焉周武
王伐紂實得巴蜀之師著乎尚書巴師勇銳歌舞以
凌殷人倒戈故世稱之曰武王伐紂前歌後舞也武
王既克殷以其宗姬於巴爵之以子古者遠國雖大
爵不過子故吳楚及巴皆曰子　其地東至魚復西
至僰道北接漢中南極黔涪土植五穀牲具六畜桑
蠶麻紵魚鹽銅鐵丹漆茶蜜靈龜巨犀山雞白雉黃
潤鮮粉皆納貢之其果實之珍者樹有荔支蔓有辛
蒟園有芳蒻香茗給客橙葵　其藥物之異者有巴
戟天椒竹木之貢者有桃支靈壽其名山有塗籍靈
臺石書刊山　其民質直好義土風敦厚有先民之

影印资料 《华阳国志·巴志》

周朝时期，茶也在特殊的礼仪中，作为祭祀时的祭礼，《六家诗名物疏》记载：“周礼掌荼，掌以时聚，荼以供丧事。”这里的“荼”即“茶”。

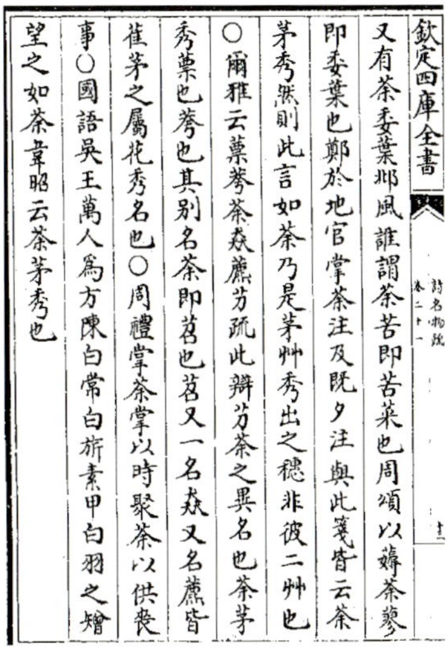
欽定四庫全書　詩名物疏　卷二十一

又有茶委葉邶風誰謂茶苦即苦菜也周頌以薅茶蓼即委葉也鄭於地官掌茶注及既夕注與此箋皆云茶茅秀然則此言如茶乃是茅艸秀出之穗非彼二艸也○爾雅云蔈荂茶猋藨芀疏此辨芀茶之異名也茶茅秀蔈也荂也其別名茶即芀也芀又一名猋又名藨皆萑茅之屬花秀名也○周禮掌茶掌以時聚茶以供喪事○國語吳王萬人爲方陳白常白旂素甲白羽之矰望之如茶韋昭云茶茅秀也

《六家诗名物疏》影印资料

不管是作为贡品还是作为祭品，都可见茶在当时是很珍贵的存在，人们的重视，为茶文化的发展拉开了序幕。

（三） 战国饮茶实证的出土

从郳国故城遗址墓葬中出土的战国时期原始青瓷碗中，发现有植物残渣遗存，经科技检测确定其为煮（泡）后留下的茶叶残渣，是已知最古老的饮茶实证，证明了至少在战国时期，贵族饮茶的习惯已经较为普遍。

而这件原始青瓷碗，也是目前可证实的较早的茶器。由此推知，同时期窑址出土的原始青瓷碗、杯可能亦为饮器。战国时期，茶饮可能是通过煮或泡的形式制作的。

郳国故城遗址

在郳国故城遗址的北边，也就是峄山南麓紧贴山脚下的区域发现了两座墓葬，推断是东周郳国高级贵族的墓地，其中一号墓应该是郳国的国君夫人，二号墓是郳国的国君。原始青瓷碗与茶叶遗存就是从一号墓中出土的。

郳国故城西岗墓地一号战国墓茶叶遗存的发现和确认，为研究茶的早期起源、利用、传播发挥了重要作用。

战国
原始青瓷碗及茶叶残渣
山东大学博物馆藏

第三章 茶风孕育于两汉

两汉时期是中国茶文化发展的重要时期，人们对茶的利用和认知有了质的飞跃。虽然尚未形成严格意义上的茶文化体系，但其作为饮品的角色已经开始深入人心。两汉皇室贵族墓室中的茶叶实证，印证了当时饮茶风俗渐盛；史书中一个个关于茶的记载，让我们更具体地感受到当时茶叶作为生活饮品正在不断融入人们的日常。丝绸之路上的发现，更印证了早期茶饮对沿途各地的深远影响。『茶』伴随着社会经济的发展，为后世『茶文化』的宏大叙事奠定了基础。

（一）皇室贵族茶之风

· 马王堆汉墓中的茶

1972～1974年发掘的长沙马王堆汉墓，是西汉长沙国丞相轪侯利苍一家三口的墓葬，出土了众多珍贵文物，是20世纪世界最重大的考古发现之一。

马王堆汉墓出土文物中有漆木器、纺织品、简帛三大主要门类，简帛文物包括帛书、帛画、简牍等。其随葬清册中有“𣘻笥”的木牍，经考证，“𣘻”是“槚”的异体字，和陆羽《茶经》中的“槚”字都当释为“苦茶”，“𣘻笥”意为“苦茶箱”。“笥”内黑色颗粒状物品经专家显微镜切片分析，确认为茶，且是未被煮泡过的茶。这一发现说明当时湖南已有了饮茶习惯和茶叶生产。

马王堆汉墓出土木牍

马王堆汉墓中还出土了一幅《敬茶仕女图》绢帛画，这是汉代贵族享用茶饮的写实，也是中国现存最早的茶画，说明在汉朝饮茶已是贵族的一种优雅生活方式。

· 两千年前的高品质嫩芽茶

1998年在陕西省汉景帝阳陵外藏坑出土茶叶遗存。汉景帝阳陵是西汉第六位皇帝刘启和王皇后的合葬墓，出土了木车马、漆盒、粮食、动物骨架等大量有机质遗存，除粮食遗存外，还发现一些呈层状堆积的棕黄色不明植物遗存，由细长叶组成，经中国科学院地质与地球物理研究所的专家利用植物微体化石和生物标志物方法对这些遗存进行检测，确认这些是茶叶嫩芽制作的高品质茶叶，距今约2100多年。

进一步说明在我国汉代饮茶就在贵族中形成风尚，并且以茶叶作为随葬珍品已经形成了某种仪规风俗。

汉景帝刘启，汉文帝嫡长子，终年48岁，葬于阳陵，谥号“孝景皇帝”。汉景帝在西汉历史上占有重要地位，与父亲一起开创了“文景之治”，又为儿子刘彻的“汉武盛世”奠定了基础，可以说是承上启下。

西汉 茶叶遗存 汉景帝阳陵博物院藏

（二） 人文史典中的茶人、茶事

· 植茶始祖吴理真

南宋王象之《舆地纪胜》记载："西汉时，有僧从岭表来，以茶实植蒙山。"讲的是西汉甘露年间，吴理真在今四川雅安名山区蒙顶山上寻得野生茶树，亲手植于上清峰。

吴理真，西汉严道（在今四川省雅安市）人，是茶叶栽培的实践者、先行者，被后世尊为"茶祖"。

据雍正年间的《四川通志》记载："名山之普惠大师，本岭表来，流寓蒙山。按碑，西汉僧理真，俗姓吴氏，修活民之行，种茶蒙顶。殁，化石为像，其徒奉之，号甘露大师。水旱疾疫，祷必应。宋淳熙十三年，邑进士喻大中奏师功德及民，孝宗封甘露普惠妙济大师。"

在蒙顶山上有一块石碑名叫"天下大蒙山"碑，于雍正六年立，至今仍完好地保存于蒙顶山天盖寺中。碑文记载了吴理真在蒙顶山种茶的历史，明确指出他是"携灵茗之种，植于五峰之中"的第一人。

· 王褒烹茶买茶

西汉时期，四川资中（今资阳）人王褒，是当时的文学家、辞赋家。

宣帝神爵三年，王褒所撰写的《僮约》讲到自己寓居成都安志里寡妇杨惠家，杨惠有个奴仆叫“便了”，王褒经常派便了去买酒，便了极不情愿。王褒一怒之下，以一万五千钱从杨惠手中买下便了为奴，并为其写了一份名为《僮约》的契约书。

《僮约》中两处提到茶，即“烹茶尽具”和“武阳买茶”。“烹茶尽具”是为煎好茶要备好洁净的茶具，表明当时的士人之家，是有日常饮茶习惯的。因为王褒写文章时在成都，而“武阳买茶”则说的是要到邻县武阳（在今成都以南的眉山市彭山区）去买茶叶，而让仆人去武阳买茶，表明在川蜀地区已经有了茶叶市场。这是最早明确描写饮茶之事与茶叶商品交易之事的文字记录。

而且据《华阳国志·蜀志》记载：“什邡县，山出好茶。”“南安、武阳皆出名茶。”也佐证了川蜀地区在当时茶叶生产中的重要地位。

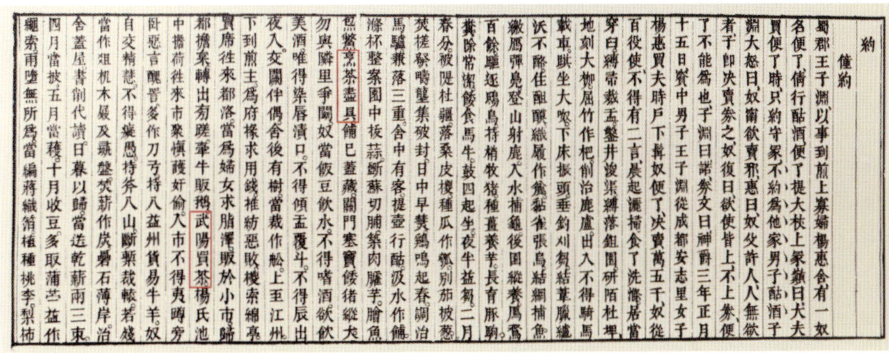
約
僮約
蜀郡王子淵以事到煎上寡婦楊惠舍有一奴
名便了倩行酤酒便了提大杖上冢巔曰大夫
買便了時只約守冢不約爲他家男子酤酒子
淵大怒曰奴寧欲賣邪惠曰奴父許人人無欲
者子卽決賣券之奴復曰欲使皆上不上券便
了不能爲也子淵曰諾券文曰神爵三年正月
十五日資中男子王子淵從成都安志里女子
楊惠買夫時戶下髯奴便了决賣萬五千奴從
百役使不得有二言晨起灑掃食了洗滌居當
穿臼縛帚裁盂鑿井浚渠縛落鉏園研陌杜埤
地刻大枷屈竹作杷削治鹿盧出入不得騎馬
載車踑坐大呶下床振頭垂鈎刈芻結葦臘纑
汲不酪住醖釀織履作麤黏雀張烏結網捕魚
繳鴈彈鳧登山射鹿入水捕龜後園縱養鴈鶩
百餘驅逐鴟鳥持梢牧猪種薑養芋長育豚駒
糞除常潔餧食馬牛鼓四起坐夜半益芻二月
春分被隄杜疆落桑皮棲種瓜作瓠別茄披蔥
焚槎發疇壟集破封日中早熭雞鳴起舂調治
馬驢兼落三重舍中有客提壺行酤汲水作餔
滌杯整案園中拔蒜斲蘇切脯築肉臛芋膾魚
炰鱉烹茶盡具餔已蓋藏關門塞竇餧猪縱犬
勿與鄰里爭鬪奴當飯豆飲水不得嗜酒欲飲
美酒唯得染唇漬口不得傾盂覆斗不得辰出
夜入交關伴偶舍後有樹當裁作船上至江州
下到煎主爲府椽求用錢推紡惡敗棧索綿亭
買席往來都洛當爲婦女求脂澤販於小市歸
都擔枲轉出旁蹉牽牛販鵝武陽買茶楊氏池
中擔荷往來市聚慎護奸偷入市不得夷蹲旁
卧惡言醜詈多作刀弓持入益州貨易牛羊奴
自交精慧不得癡愚持斧入山斷輮裁轅若殘
當作俎机木屐及彘盤焚薪作炭礨石薄岸治
舍蓋屋書削代讀日暮以歸當送乾薪兩三束
四月當披五月當穫十月收豆多取蒲苎益作
繩索雨墮無所爲當編蔣織箔植種桃李梨柿

王褒《僮约》

· 扬雄与司马相如笔下的茶

扬雄与司马相如、班固、张衡并称为“汉赋四大家”。陆羽《茶经》中记载，汉代的品茶论道的高人有“汉仙人丹丘子，黄山君，司马文园令相如，扬执戟雄”，其中记扬雄《方言》云：“蜀西南人谓茶曰蔎。”意思是说四川西南部的人把茶叫作“蔎”，为后人对茶之异称的认识、研究提供了历史依据。

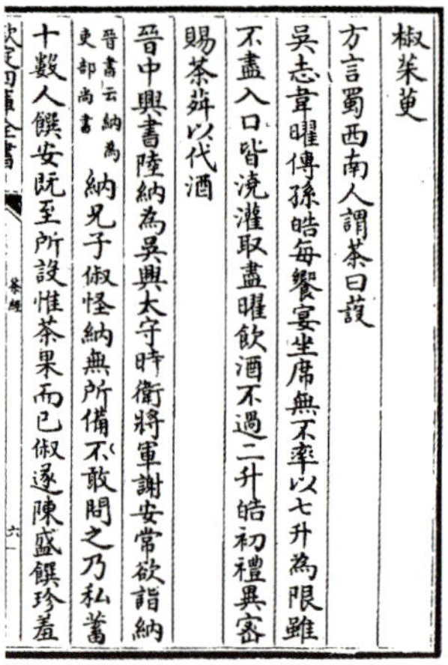

椒茱萸

方言蜀西南人謂茶曰蔎

吴志韋曜傳孫晧每饗宴坐席無不率以七升為限雖不盡入口皆澆灌取盡曜飲酒不過二升晧初禮異密賜茶荈以代酒

晋中興書陸納為吴興太守時衛將軍謝安常欲詣納晋書云納為吏部尚書納兄子俶怪納無所備不敢問之乃私蓄十數人饌安既至所設惟茶果而已俶遂陳盛饌珍羞

《茶经》引扬雄《方言》影印资料

扬雄，蜀郡成都(今属四川成都)人，西汉末年哲学家、文学家、语言学家。他曾任给事黄门侍郎，负责宫廷警卫等事务，故称“扬执戟”。

司马相如，字长卿，西汉著名辞赋家。他曾任孝文园令，主管汉文帝陵园事务。其文学成就在汉代乃至整个中国古代文学史上都占据重要地位。

司马相如《凡将篇》中所说的20多种药物，其中的“荈诧”就是茶。《凡将篇》的重要性在于，将“荈诧”（即茶）列为中药材之一。这是我国汉代就把茶作为药物的最早的文字记录。

· 华佗说茶

华佗，东汉末年谯县(今安徽亳州)人，精于方医、针灸，是我国古代名医之一。

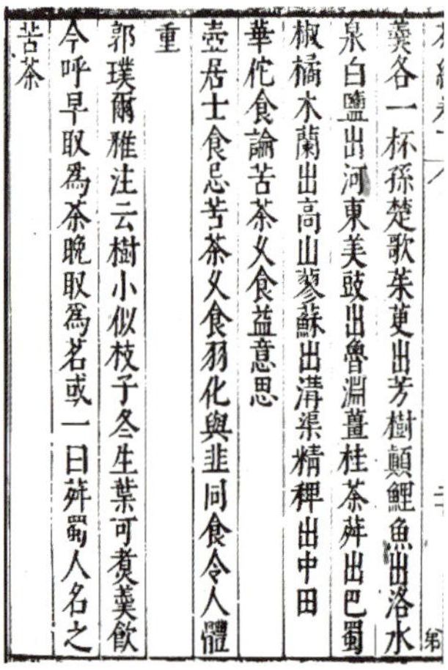

羹各一杯孫楚歌茱萸出芳樹顛鯉魚出洛水泉白鹽出河東美豉出魯淵薑桂茶荈出巴蜀椒橘木蘭出高山蓼蘇出溝渠精稗出中田

華佗食論苦茶久食益意思

壺居士食忌苦茶久食羽化與韭同食令人體重

郭璞爾雅注云樹小似梔子冬生葉可煮羹飲今呼早取為茶晚取為茗或一日荈蜀人名之苦茶

《茶经》引《食论》影印资料

陆羽《茶经》中提到东汉末年华佗在《食论》中说：“苦茶久食，益意思。”意思是长期饮茶,有益思考，是对茶叶药理功效的早期记述。

（三） 丝绸之路上的茶

茶叶通过古丝绸之路的一个分支或茶马古道的路线穿越了青藏高原。2012年，在挖掘西藏阿里地区噶尔县门士乡故如甲木寺门前的一座贵族墓葬时发现了黄金面具等惊世文物，一同出土的还有少量“疑似茶叶食物残体”。经检测其中包含只有茶叶里具有的植钙体、茶氨酸和咖啡因等。遗址中的茶叶让茶在两汉时期的传播范围得到了印证。通过测定，它距今约为1800年。

故如甲木墓地出土的带有茶叶遗存的铜釜、盘口铜瓮

中国民族网 摘

同时期的曲踏墓地也出土了盛有茶叶残渣的高足木案。其上部为碗形，两侧有耳，似乎也没有排水孔洞，推测可能是一种饮茶、吃茶时放置茶叶、茶具的器物。

虽然这一时期阿里地区出现的茶叶遗存表明此地已经有人开始饮茶，但出土茶叶的墓葬仍为少数，并且主要集中在贵族墓葬中。因此，饮茶可能是当时阿里贵族中的一种新兴风尚，但并未广泛传播。

曲踏墓地出土的盛有茶叶残渣的高足木案
中国民族网　摘

高足木案中的茶叶残渣

到了8世纪，吐蕃赞普赤松德赞在位时，茶叶才开始被民众广为接受，并逐渐形成了流传至今的、颇具藏族特色的饮茶风俗。

（四） “茶”字的首次出现

汉字“茶”究竟在何时出现?

“茶”字原来写作“荼”，目前所知最早见于《尔雅》。

《尔雅》中提到“槚，苦荼”，表明“荼”作为茶的称谓目前可追溯至《尔雅》成书时期。《尔雅》并非一人一时所作，一般认为其最后成书于西汉，因此可以确定“荼”作为茶的称谓不会晚于西汉。

1990年4月，在距浙江省湖州市西北约12公里处的弁南乡罗家浜村窑墩头西侧，当地农民在取土时发现一东汉晚期的古代砖室墓，考古人员发现了多件青瓷器物。

其中有一件青瓷印纹罍，圆唇直口，丰肩鼓腹，平底内凹。器身布满菱形几何印纹，肩部四系，溜肩，近底部露出紫红色的胎，腹部饰印套菱纹和菱形填线纹的组合纹。最为关键的是，肩部划写有一个“茶”字。从这件器物来看，“茶”字的字形在东汉晚期就已经出现。青瓷印纹罍是我国目前发现最早有“茶”字铭文的贮茶器具，为中国茶文化研究提供了有力的实物佐证。

东汉晚期
青瓷印纹罍
湖州博物馆藏

第四章

茶韵形成于三国两晋南北朝

三国两晋南北朝时期是社会剧烈动荡和文化相互交融的时期，这一时期茶文化逐渐发展并初步确立了其独特的地位。茶产业进一步发展、扩大、繁荣，从巴蜀一带向中原、北方地区传播普及。

饮茶逐渐成为当时人们社交和文化交流的一种方式，在这个过程中，茶的文化理念逐步成型，很多有关茶的典故流传至今，为人称道。

随着饮茶习惯的广泛传播，茶的品饮形式逐渐成熟，为后来茶文化的繁荣奠定了基础。

(一) 茶“地盘”的扩大

·《广雅》中“荆巴间”的茶香

三国时期，饮茶之风已由四川等地传入长江中下游地区。陆羽《茶经》中记载三国之魏国的张揖《广雅》中的观点说：“荆巴间采叶作饼，叶老者饼成，以米膏出之。欲煮茗饮，先炙令赤色，捣末置瓷器中，以汤浇覆之，用葱、姜、橘子芼之。其饮醒酒，令人不眠。”

“荆巴间”指古代荆州和巴州一带的地区，具体包括今天的湖北、湖南、重庆、四川东部、陕西南部等地。

后面几句是讲制茶工艺与效用：把茶叶采下来制成茶饼，如果叶子已老，就用米汤来调和，再制成茶饼。每欲品茗时，先炙烤茶饼，使它变成红色，再捣成碎末，放到瓷器内，以沸水冲开，加上葱、姜、橘子等调料一起搅拌。这种茶饮可以醒酒，让人睡不着。

可见当时“荆巴间”有一种像煮羹饮一样的饮茶方式，且模式已经较成熟。

张揖，字稚让，三国曹魏清河（今河北清河）人，训诂学家。魏明帝太和年间为博士，学识渊博，尤善文字训诂。著有《广雅》《埤仓》《古今字诂》等，除《广雅》流传至今外，其他著述均佚。

“训诂”是中国古代语言学和文献学的一个重要分支，主要研究古代文字、词汇、语法以及文献的解释和注释。它是对古籍中难懂的字词、句意进行解释和疏通的一种学问，目的是帮助读者正确理解古代文献的含义。

《广雅》是训诂学专著，是研究古代汉语的重要工具书。增广了《尔雅》的内容，其体例和篇目与《尔雅》相仿。

· 成都“芳茶冠六清”

晋代的成都，物产富饶，有铁、岩盐、茶、绢等。成都楼指成都的白菟楼，位于成都西南角，为秦时张仪所建，至唐犹存。张载过成都时,作《登成都白菟楼楼》，该诗描述白菟楼的雄伟气势以及成都的商业繁荣、物产丰富、人才辈出的景象，其中除赞美秋橘春鱼、果品佳肴外，还特别盛赞成都的茶，“芳茶冠六清，溢味播九区，”反映出当时成都地区茶叶发展的状况。茶在当时已经成为一种重要的饮品，并且在社会生活中具有较高的地位。

张载，字孟阳，西晋安平（今河北省安平县）人，文学家。与其弟张协、张亢，都以文学著称，时称“三张”。曾作《剑阁铭》，这篇铭文为晋武帝所赏识，后命人把铭文镌刻在剑阁山上。

重城结曲阿，飞宇起层楼。
累栋出云表，峣嶭临太虚。
高轩启朱扉，回望畅八隅。
西瞻岷山岭，嵯峨似荆巫。
蹲鸱蔽地生，原隰殖嘉蔬。
虽遇尧汤世，民食恒有余。
郁郁小城中，岌岌百族居。
街术纷绮错，高甍夹长衢。
藉问扬子舍，相见长卿庐。

程卓累千金，慆侈拟五侯。
门有连骑客，翠带腰吴钩。
鼎食随时进，百和妙且殊。
披林采秋橘，临江钓春鱼。
黑子过龙醢，果馔逾蟹蝑。
芳茶冠六清，溢味播九区。
人生苟安乐，兹土聊可娱。
——张载《登成都白菟楼》

· 中原“娇女”吹火烹茶

左思的《娇女诗》是中国最早吟咏少女情态的诗之一，也是最早描写烹茶情景的诗。

左思，字太冲，齐国临淄（今山东淄博）人，是西晋著名的文学家，代表作《三都赋》。

其中“止为茶菽据，吹吁对鼎䥶。脂腻漫白袖，烟熏染珂锡”诗句描写了左思的两个女儿可爱、调皮，生火煮茶，这个时候总是对着茶鼎吹火，着急想快点有茶吃，却弄得灰头土脸的娇憨场景。

吾家有娇女，皎皎颇白皙。
小字为纨素，口齿自清历。
鬓发覆广额，双耳似连璧。
明朝弄梳台，黛眉类扫迹。
浓朱衍丹唇，黄吻澜漫赤。
娇语若连琐，忿速乃明愐。
握笔利彤管，篆刻未期益。
执书爱绨素，诵习矜所获。
其姊字惠芳，面目灿如画。
轻妆喜楼边，临镜忘纺绩。

举觯拟京兆，立的成复易。
玩弄眉颊间，剧兼机杼役。
从容好赵舞，延袖像飞翮。
上下弦柱际，文史辄卷襞。
顾眄屏风画，如见已指擿。
丹青日尘暗，明义为隐赜。
驰骛翔园林，果下皆生摘。
红葩掇紫蒂，萍实骤抵掷。
贪华风雨中，倏眒数百适。
务蹑霜雪戏，重綦常累积。

并心注肴馔，端坐理盘槅。
翰墨戢函按，相与数离逖。
动为炉钲屈，屣履任之适。
止为茶荈据，吹吁对鼎䥶。
脂腻漫白袖，烟熏染珂锡。
衣被皆重池，难与次水碧。
任其孺子意，羞受长者责。
瞥闻当与杖，泪掩俱向壁。

——左思《娇女诗》

这首诗不仅展现了左思作为慈父的爱意，也为中国古代文学中描写儿童题材的作品树立了典范，更通过两句诗证实了中原仕宦人家已有饮茶的习惯，证明了西晋时期茶的饮用范围逐步扩大，从西南向中原及江南一带传播。

·“南方”茶遍地

《太平御览》记载东晋裴渊的《广州记》曰：“酉平县出皋卢，茗之别名，叶大而涩，南人以为饮。”说明这种“叶大而涩”的茶在南方地区已经被广泛用于饮用。

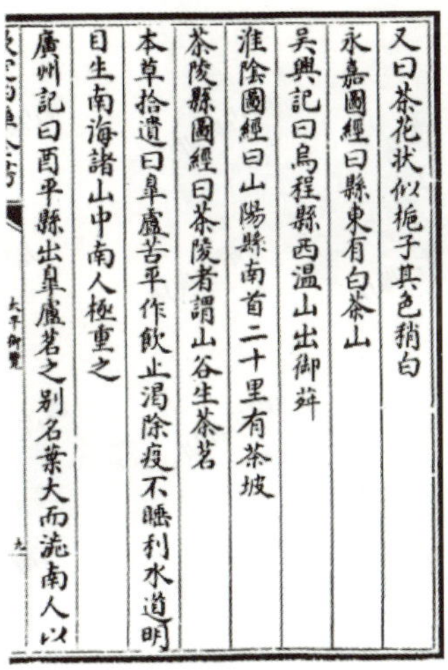
又曰茶花狀似梔子其色稍白
永嘉圖經曰縣東有白茶山
吳興記曰烏程縣西溫山出御荈
淮陰圖經曰山陽縣南首二十里有茶坡
茶陵縣圖經曰茶陵者謂山谷生茶茗
本草拾遺曰皐盧苦平作飲止渴除疫不眠利水道明
目生南海諸山中南人極重之
廣州記曰酉平縣出皐盧茗之別名葉大而澁南人以

《太平御览》影印资料

南朝时期，茶的生产已经扩展到整个南方，包括云贵川、荆楚、皖南、江淮和江浙等地。茶叶消费也日益多样化，从宫廷到民间，从祭祀到社交，茶都扮演了重要角色。

南朝时已发现古朴的青釉刻莲瓣纹碗及黄釉盏托，反映了南朝时期的饮茶风俗。

南朝
黄釉刻莲瓣纹盏托
北京故宫博物院藏

南朝
青釉刻划莲瓣纹碗
北京故宫博物院藏

· 南茶北传

南齐的官员王肃在父兄遇害后，投奔北魏。因为其喜爱饮茶，也把饮茶的习俗从南齐传播到北魏。

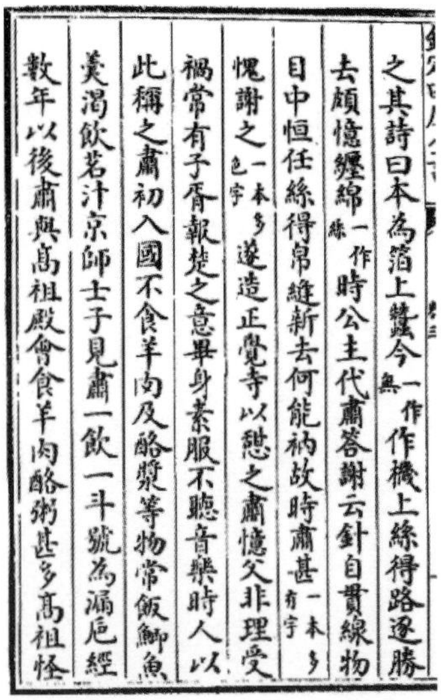
之其詩曰本為箔上蠶今（一作無）作機上絲得路逐勝
去頗憶纓綿（一作絲）時公主代肅荅謝云針自貫線物
目中恒任絲得帛縫新去何能衲故時肅甚（一本多有字）
愧謝之（一本多色字）遂造正覺寺以憩之肅憶父非理受
禍常有子胥報楚之意畢身素服不聽音樂時人以
此稱之肅初入國不食羊肉及酪漿等物常飯鯽魚
羹渴飲茗汁京師士子見肅一飲一斗號為漏卮經
數年以後肅與高祖殿會食羊肉酪粥甚多高祖怪

《洛阳伽蓝记》影印资料

北魏杨衒之的《洛阳伽蓝记》中记载：“肃初入国，不食羊肉及酪浆等物，常饭鲫鱼羹，渴饮茗汁。京师士子见肃一饮一斗，号为漏卮。经数年以后，肃与高祖殿会，食羊肉酪粥甚多，高祖怪之，谓肃曰：卿中国之味也，羊肉何如鱼羹？茗饮何如酪浆？肃对曰：羊者是陆产之最，鱼者乃水族之长。所好不同，并各称珍。以味言之，甚是优劣。羊比齐、鲁大邦，鱼比邾、莒小国。唯茗不中，与酪作奴。”大意是王肃在南朝做官时，喜欢饮茶和喝鲫鱼羹。后来逃到北方，又喜欢羊肉和奶酪。有人问他，茶比奶酪怎样，王肃回答说茶居于奶酪之下。“酪奴”也因为这个故事，成了茶的别称。

王肃，字恭懿，琅邪郡临沂县（今山东临沂）人。北魏时期名臣。王肃是南齐雍州刺史王奂之子，曾在南齐任秘书丞。其父王奂获罪被杀之后，他投归北魏，受到孝文帝的重用。

茶在传播过程中的各类境遇表明，在当时多民族融合的历史进程中，不同文化之间产生交融。茶因为王肃的饮茶习惯在北方社会中引起了广泛关注，甚至有人模仿他饮茶。这种文化交流，也在一定程度上推动了茶文化在北方的传播。

但当时北方的士人对茶的接受程度仍十分有限。

(二) 茶的理念慢慢滋生

·“以茶代酒”传递温和文雅理念

孙皓为三国时期吴国的第四位国君，初立时，抚恤人民、开仓赈贫，后渐残暴不仁。孙皓好酒，经常摆酒设宴，还要求群臣作陪狂饮。据晋朝陈寿所著的史书《吴志・韦曜传》载：“皓每飨宴，无不竟日，坐席无能否率以七升为限，虽不悉入口，皆浇灌取尽。曜素饮酒不过二升，初见礼异时，常为裁减，或密赐茶荈以当酒。”文中的“荈”即“茶”，“皓”即孙皓，文中的“曜”指的是韦曜。韦曜原是孙皓的父亲南阳王孙和的老师，也就是太傅，故孙皓对韦曜格外照顾，这里就记录了他允许韦曜“以茶代酒”的故事。

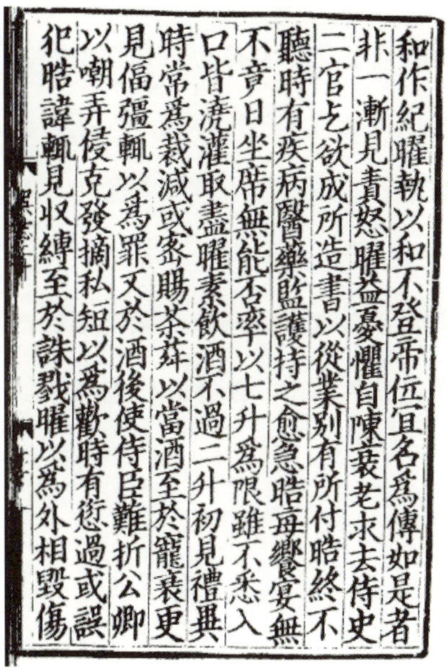
和作紀曜執以和不登帝位宜名爲傳如是者非一漸見責怒曜益憂懼自陳衰老求去侍史二官乞欲成所造書以從業别有所付晧終不聽時有疾病醫藥監護持之愈急晧每饗宴無不竟日坐席無能否率以七升爲限雖不悉入口皆澆灌取盡曜素飲酒不過二升初見禮異時常爲裁減或密賜茶荈以當酒至於寵衰更見偪彊輒以爲罪又於酒後使侍臣難折公卿以嘲弄侵克發摘私短以爲歡時有愆過或誤犯晧諱輒見收縳至於誅戮曜以爲外相毀傷

《吴志・韦曜传》影印资料

这段记录展现了宴请客席中以茶代酒的早期待客之礼。“以茶代酒”的故事流传至今，逐渐成为一种在社交场合中尊重他人选择的文雅之举。

韦曜，原名韦昭，字弘嗣，吴郡云阳县（今江苏省丹阳市）人。三国时期东吴重臣、史学家，以博学多闻而为孙皓所器重。

以茶代酒的出现，不仅是一种生活习俗的改变，更是一种精神追求的转变。反映出人们清新、自然、健康的生活态度，以及对精神享受和心灵净化的向往。

· 一篇《荈赋》初见“茶的美学”

我国最早的茶赋是晋代杜育的《荈赋》，可以说是这一时期茶文化的标志性文献。

“荈”即茶。《荈赋》是迄今已知存世的第一篇完整记载茶从种植到品饮全过程的作品，以简洁优美的文字描绘了茶树生长、茶叶采摘、煮茶用水、饮茶器具、饮用方式、茶汤样貌、饮茶功效等内容。其诞生于距今约1700多年前，比茶圣陆羽的《茶经》要早四百多年。

其标志着饮茶首次进入了人类精神领域，甚至开始初涉茶道思想艺术。文字精辟而优美，使人沉醉于那个遥远时代的饮茶生活之美中。在茶文化史上具有重要地位。

杜育，字方叔，襄城郡定陵县（今河南省叶县）人。曹魏重臣杜袭之孙，西晋大臣、文学家和茶学家。

灵山惟岳，奇产所钟。
瞻彼卷阿，实曰夕阳。
厥生荈草，弥谷被冈。
承丰壤之滋润，受甘灵之霄降。
月惟初秋，农功少休，结偶同旅，是采是求。
水则岷方之注，挹彼清流。
器泽陶简，出自东隅；
酌之以匏，取式公刘。
惟兹初成，沫沉华浮，焕如积雪，晔若春敷。

——杜育《荈赋》

《荈赋》的内容分别讲述了：

一是“灵山惟岳，奇产所钟……受甘灵之霄降。”描述了茶的生长环境。

二是“月惟初秋，农功少休，结偶同旅，是采是求。”写了茶叶采摘时节和采茶情境。

三是“水则岷方之注，挹彼清流。”点出煮茶对水的选择。

四是“器泽陶简，出自东隅；酌之以匏、取式公刘”写出烹茶对器具的选择。

五是“惟兹初成，沫沉华浮”，描述茶汤的状态。

这样看来，正是有了《荈赋》这样初步涉及茶道思想与茶美学的文章，才赋予了饮茶活动以审美的视角与风雅的韵味。也开创了茶文化文章清和、淡雅、秀美的文风。《茶经》里多次提到杜育及其作品，这也是茶圣陆羽对杜育的认可。

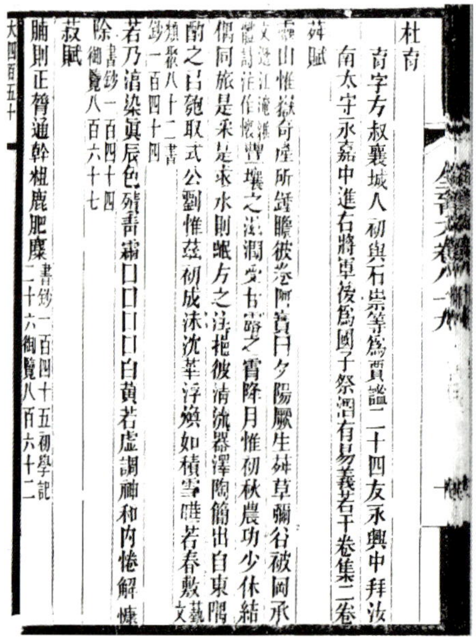
杜育

育字方叔襄城人初與石崇等爲賈謐二十四友永興中拜汝南太守永嘉中進右將軍後爲國子祭酒有易義若干卷集二卷

荈賦

靈山惟嶽奇產所鍾瞻彼卷阿實曰夕陽厥生荈草彌谷被岡承豐壤之滋潤受甘靈之霄降月惟初秋農功少休結偶同旅是采是求水則岷方之注挹彼清流器澤陶簡出自東隅酌之以匏取式公劉惟茲初成沫沈華浮煥如積雪曄若春敷 文選江淹雜體詩注作瞻 藝文類聚八十二 書鈔一百四十四

若乃淳染真辰色𦤏青霜□□□□白黃若虛調神和內倦解慵 書鈔一百四十四 御覽八百六十七

荍賦

脯則正脅通幹粗鹿肥麋 書鈔一百四十五 初學記二十六 御覽八百六十二

大四百五十

《全晋文》引《荈赋》影印资料

·“茶”，代表清廉、端正的社交饮品

《茶经》记载：“《晋中兴书》：陆纳为吴兴太守，时卫将军谢安常欲诣纳。(《晋书》云：纳为吏部尚书)。纳兄子俶怪纳无所备，不敢问之，乃私蓄十数人馔。安既至，所设惟茶果而已。俶遂陈盛馔，珍羞毕具。及安去，纳杖俶四十，云：汝既不能光益叔父，奈何秽吾素业。”

大意是陆纳做吴兴太守时，谢安非常敬重他的人品，便去拜访陆纳，陆纳对此并无特别在意，也没有刻意准备。而陆纳的侄子陆俶知道这件事后，见叔叔未做充分准备，又不敢擅自过问，于是就自作主张，预先秘密地准备好丰盛的宴席。等到谢安到来后，陆纳只摆上茶水和水果招待他。这时，陆俶却突然将事先准备好的丰盛的宴席摆上来。待客人离去后，盛怒之下，责打了侄儿陆俶四十杖，并责怪太浪费，坏了自己节俭的名声。

从这里可见，那时用茶水招待谢安并非吝啬，亦非清高傲慢，以茶水待客是作为节俭的象征，或者说是清廉、端正的象征。

陆纳，字祖言，吴郡吴县（今江苏苏州）人。东晋后期官员，曾任吴兴太守，吏部尚书。为政清廉，生活俭朴，以俭德著称。

谢安，字安石，是东晋时代有名的人物。他任吴兴太守后不久，被召回到建康，后因对北方的秦国作战有功，由卫将军晋升为太保。

与陆纳同时代的官员桓温也主张厉行节约，《茶经》中引《晋书》记载“桓温为扬州牧，性俭，每宴饮，惟下七奠，拌茶果而已。”表现其以茶待客，提倡节俭的性格。也从侧面展示了东晋时期茶已经成为一种重要的社交饮品，代表着一种高洁的精神文化追求。

第五章

茶文化兴于唐代

唐代是中国茶文化繁荣发展的重要时期，茶成为社会生活的重要组成部分。

茶叶消费需求日渐增多，刺激了茶叶的生产与贸易，形成了不同类型的茶商群体。这使得制茶工艺不断改进，生产流程日臻完善。

唐代宫廷饮茶之风盛行，也带动了文人群体对茶事的热衷。文人对茶的推崇与宣扬也进一步促使茶文化在唐代蓬勃发展。

茶在唐代不仅是日常生活中的饮品，还成为社交、礼仪、宗教和文化活动的重要组成部分。例如，宫廷中设茶宴，文人雅士以茶会友，寺院中以茶待客。

这一时期茶制度不断完善，茶理论逐步成型，茶的普及程度非常高，茶具越来越丰富且讲究，茶的经济价值和文化价值广泛传播。这些不仅奠定了中国茶文化的基础，还对后世的茶文化发展产生了深远影响。

（一）皇室带头——茶制度的完善

· 贡茶制度的建立

贡茶指古代各地进贡给朝廷的茶。贡茶从唐朝开始形成制度，历代相传，直至封建专制制度终结。

从文献记载中来看，唐以前就有贡茶，如巴蜀纳贡给周朝；东晋元帝时，温峤官于宣城，上表贡茶叶一千斤，贡芽三百斤；南朝刘宋时，浙江乌程县西二十里，出御荈等。但到唐朝时，才形成了贡茶制度。

唐代贡茶制度的正式建立始于唐代宗时期（762年～779年），各州道纷纷将茶纳入土贡的范围。这一制度的形成标志着贡茶从地方自发进贡转变为定时、定点、定量、定质的规范化制度。中唐以后，朝廷不满足于由各地“土贡”的被动贡茶方式，于唐大历五年（770年）在顾渚山（今浙江湖州长兴）设立贡茶院造贡茶，官营官管贡茶从此开始。

唐代贡茶制度有两种形式：

一是土贡，也叫定额纳贡。即执守一方的地方官员选送优质的土产茶叶给统治者，朝廷也选择茶叶品质优异的州定额纳贡。

主要有常州阳羡茶、湖州顾渚紫笋茶、雅州蒙顶茶、舒州天柱茶、睦州鸠坑茶、宣州鸦山茶、饶州浮梁茶、溪州灵溪茶、峡州碧涧茶、荆州团黄茶、福州方山露芽等二十多个州的名茶。

二是贡焙，即最高统治者派官员在一方名茶的重点产区督办贡茶的生产，其中最主要的是在湖州长兴顾渚山设立的贡茶院。唐代的贡茶院由中央政府派官员直接管理，“刺史主之，观察使总之”。茶园由政府控制，茶农种植、采摘、制作贡茶。

唐代贡茶制度的建立，推动了宫廷饮茶之风，茶在多种场合扮演着重要角色。贡茶生产必然使政府、茶园投入极多的人力、物力去不断设法改进制茶技术，这对制茶工业的发展也起到了一定的推动作用。

南宋谈钥《吴兴志》记载：“顾渚与宜兴接，唐代宗以其岁造数多，遂命长兴均贡。自大历五年始分山析造，岁有客额，鬻有禁令。诸乡茶芽置焙于顾渚，以刺史主之，观察使总之。”

以爲芬香甘辣冠於他境可薦於上棲筠從之始進萬兩此其濫觴也厥後因之徵獻浸廣遂爲任土之貢故玉川子詩云天子須嘗陽羨茶百草不敢先開花舊編云顧渚與宜興接唐代宗以其歲造數多遂命長興均貢自大曆五年始分山析造歲有客額鬻有禁令諸鄉茶芽置焙於顧渚以刺史主之觀察使總之裴文茶錄云顧渚蘄陽蒙山最上其次壽州陽羨李肇國史補云蒙頂第一顧渚第二宜興第三郡國志云顧渚中者與夾州同生桑獨獅二嶋白苧山懸腳嶺者與襄荊申三州同生鳳亭山伏翼澗飛雲曲水二寺青峴啄木二嶺與壽州同貞元五年置合溪焙喬衝焙歲貢凡五等第

十二

《吴兴志》影印资料

唐代宗李豫，初名李俶，唐肃宗李亨长子，唐朝第九位皇帝。代宗又崇佛又嗜茶，陆羽一生研究茶学出成果的时期就在代宗时期。

政府则设官焙，置贡茶院，派专员督办，其中，顾渚贡茶院最为著名。湖州的顾渚紫笋茶和常州的阳羡茶均为著名的贡茶。在唐代，长兴、宜兴两县分别隶属于湖州、常州。在大历五年前，顾渚山贡茶产区还属于常州刺史和湖州刺史共管。大历五年后，由于代宗皇帝的“诏命”，两县贡茶产区才有了明确的界线。境会亭位于浙江长兴顾渚山与江苏宜兴交界处，后来就成为湖州和常州两州刺史分山造茶时举行宴会的场所。

每年早春，湖州和常州的刺史都会在顾渚山的境会亭举办盛大茶宴，邀请文人雅士共同品鉴和审定贡茶的品质，邀请社会贤达和名人雅士共同品审当年的新茶，将其中的极品佳茗上贡朝廷。

白居易曾任苏州刺史，恰逢境会亭茶宴时，却因病不能前往，特作诗以表对茶宴的颂扬和不能赴宴的惋惜之情。

遥闻境会茶山夜，
珠翠歌钟俱绕身。
盘下中分两州界，
灯前合作一家春。
青娥递舞应争妙，
紫笋齐尝各斗新。
自叹花时北窗下，
蒲黄酒对病眠人。

——白居易《夜闻贾常州崔湖州茶山境会想羡欢宴因寄此诗》

唐代的顶级贡茶顾渚紫笋茶分为五等，第一等必须于清明前运到京城，一般十天时间需行约四千里路，叫“急程茶”。其余于四月底前分批运到京城。

在唐德宗建中二年（781年），顾渚紫笋茶的贡茶数量从最初的500串增加到3600串，袁高当时任湖州刺史。袁高在任湖州刺史期间，奉诏督造贡茶。他目睹了茶农的艰辛和贡茶制度对百姓的沉重负担，因此写下著名的《茶山诗》，痛陈茶农的疾苦和贡茶制度的弊端。诗中提到“一夫旦当役，尽室皆同臻”，揭示了茶农全家出动采茶的艰辛，以及“动生千金费，日使万姓贫”的贡茶之弊。袁高的《茶山诗》最终呈达唐德宗，据说触动了皇帝，才使贡茶运输时间稍有延缓。

“急程茶”不仅是一种珍贵的贡品，也体现了唐代茶文化的繁荣以及贡茶制度的严苛。它是皇家祭祀和品尝的专用茶，象征着地方与皇室的政治联系，也反映了贡茶在当时社会和政治生活中的重要地位。

顾渚贡茶院遗址

·“茶税”的诞生

安史之乱后，随着藩镇割据的加剧和政治动乱的增多，土地兼并严重，逃户增多，财政出现危机。为缓解财政不足，德宗建中元年（780年），宰相杨炎将租庸调法改为两税法，分夏、秋两季征收。之后又采纳户部侍郎赵赞的建议，首次开始征收茶税，以作朝廷常年之用，这就是我国征收“茶税”的开始。

唐德宗李适，唐朝第十位皇帝，唐代宗李豫长子。

茶税的起源与发展

建中元年（780年）：唐德宗采纳赵赞的建议，首次对茶叶征收10%的税。

兴元元年（784年）：唐德宗因改元大赦天下，茶税被短暂废除。

贞元九年（793年）：茶税重新恢复，并成为固定的财政收入来源。

长庆元年（821年）：茶税率提高至15%，此后茶税逐渐成为国家财政的重要组成部分。

当时茶叶是重要商品，贸易数量很大。茶叶贸易发达，饮茶遍及民间，促进了茶叶生产的扩大。但茶税的征收也加重了茶农和茶商的负担，导致私贩茶叶现象增多。

茶税的实施反映了茶叶在唐代经济中的重要地位，茶税的设立是中国古代税收制度的重要变革之一，对后世的茶政和财政制度产生了深远影响。

·“榷茶制”激起民愤

“榷”的本义是渡水的横木，即独木桥，引申为专利、专卖的意思。《辞源》中对榷茶的解释是：“榷茶，专卖茶叶，也泛指征茶税或管制茶业取得专利的措施。”榷茶制是一种茶叶专卖制度。

唐文宗大和九年(835年)，宰相王涯提出茶叶官营、官卖的“榷茶制”，建议由朝廷垄断茶叶生产和经营并提高茶税，试图通过官府垄断茶叶生产与销售来增加财政收入。文宗采纳了他的建议，即令王涯兼任“榷茶使”并在全国执行。据《旧唐书》记载：“王涯献榷茶之利，乃以涯为榷茶使。茶之有榷税，自涯始也。”

为了保证“榷茶制”能够更好地推行，唐朝官府还制定了相应的配套政策。据《新唐书》记载：“私鬻三犯皆三百斤，乃论死；长行群旅，茶虽少，皆死；雇载三犯至五百斤，居舍侩保四犯至千斤者，皆死；园户私鬻百斤以上，杖背，三犯加重徭；伐园失业者，刺史、县令以纵私盐论。”

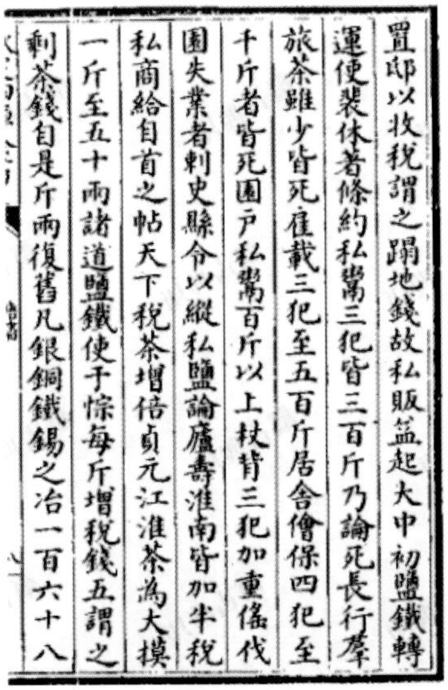
置邸以收稅謂之蹋地錢故私販益起大中初鹽鐵轉
運使裴休著條約私鬻三犯皆三百斤乃論死長行羣
旅茶雖少皆死雇載三犯至五百斤居舍儈保四犯至
千斤者皆死園戶私鬻百斤以上杖背三犯加重徭伐
園失業者刺史縣令以縱私鹽論廬壽淮南皆加半稅
私商給自首之帖天下稅茶增倍貞元江淮茶為大摸
一斤至五十兩諸道鹽鐵使于悰每斤增稅錢五謂之
剩茶錢自是斤兩復舊凡銀銅鐵錫之冶一百六十八

《新唐书》影印资料

王涯的榷茶苛政可以说是一项暴政，尤其是官府强迫茶农将茶树移植到官场中种植，并焚毁旧有积贮茶叶的做法，导致茶农和茶商怨声载道。不仅统制产销而且破坏茶叶生产，使得茶农和茶商强烈反抗。宰相王涯十月开始领命行“榷茶制”，十一月就在“甘露之变”中被杀。王涯死后，令狐楚代盐铁使兼任“榷茶使”，大和九年十二月奏请罢榷茶法。

不过，榷茶制虽然在唐代没有真正推行开来，但是已开茶叶官营的先例，成为后代实施统制茶叶政策、推行专买专卖制度的规范，为宋代“榷茶制”的施行打下了基础。

（二） “大家”云集下茶理论成型

·“茶圣”陆羽与巨著《茶经》

陆羽三岁被遗弃成为孤儿，被竟陵龙盖寺住持智积禅师在当地西湖之滨拾得收养。据《唐语林》记载：“竟陵僧于水滨得婴儿者，育为弟子，稍长，自筮得蹇之渐，繇曰：鸿渐于陆，其羽可用为仪。乃姓陆氏，字鸿渐，名羽。”陆羽习诵佛经，学会煮茶。但他不愿皈依佛门为僧。十二岁那年，他乘人不备，跑出龙盖寺，到了一个戏班子里学演戏。后遇竟陵太守李齐物，被赏识，由李太守修书推荐他到隐居于火门山的邹夫子那里学习。约六年后，陆羽行礼告别邹夫子下山，考察茶事，出游巴山峡川。

陆羽，字鸿渐，复州竟陵（今湖北天门）人，唐代茶学家。一生嗜茶，精于茶道，以著世界第一部茶叶专著《茶经》而闻名于世，为中国茶业和世界茶业发展作出了卓越贡献，被尊称为“茶圣”。

唐肃宗乾元元年（758年），陆羽来到升州（今江苏南京），寄居栖霞寺，钻研茶事。上元元年（760年）陆羽从栖霞山麓迁居苕溪（今浙江湖州吴兴），与抒山妙喜寺有名的诗僧皎然相识，两人情趣相投。

皎然年长陆羽十多岁，但共同的嗜好使他们尤为亲近。皎然安排陆羽住在了妙喜寺，日夜欢谈。得知陆羽要著述《茶经》，皎然不但为其在附近筹建了苕溪草堂，而且还利用身份之便，在寺院的后面种植茶树，供他研究之用。

皎然写过一首访友人陆羽不遇之作，选取种养桑麻菊花、邀游山林等一些平常而又典型的事物，刻画了一位生活悠闲的隐士形象，表达了对陆羽不以尘事为念的高人逸士的襟怀和气度的赞美。诗中有对访友不遇的遗憾，也有对此的释然。诗人虽未见到友人，却仿佛已经通过这种隐逸的环境与友人心境相通。从中也可以看到他对于陆羽的欣赏。

移家虽带郭，
野径入桑麻。
近种篱边菊，
秋来未著花。
扣门无犬吠，
欲去问西家。
报道山中去，
归时每日斜。
——皎然《寻陆鸿渐不遇》

陆羽曾经写过一首《六羡歌》，也体现了他对世俗荣华富贵的淡然态度，不重财富，酷爱自然。

不羡黄金罍，
不羡白玉杯，
不羡朝入省，
不羡暮入台，
千羡万羡西江水，
曾向竟陵城下来。
——陆羽《六羡歌》

宝应二年（763年），陆羽去杭州考察茶事，对天竺寺、灵隐寺所产茶的品第作了评述，并著《天竺灵隐二寺记》。在此期间，他结识了许多贤达名士，为《茶经》进一步完善提供了帮助。

大历八年（773年），颜真卿到任湖州刺史时，在诗僧皎然引荐下，陆羽参加了颜真卿《韵海镜源》的续编工作，有幸再次博览群书，从中辑录了有关茶事的历史资料，进而修订了《茶经》，并于唐德宗建中元年（780年）定稿。全书分三卷十章，约七千字。

可以说陆羽是在皎然的指导、鼓励和帮助下，完成了影响后世的茶学巨作——《茶经》。陆羽视皎然为恩师与挚友，晚年对皎然友情的追忆诗写道："万木萧疏春节深，野服浸寒瑟瑟身。杼山已作冬令意，风雨谁登三癸亭。禅隐初从皎然僧，斋堂时谥助茶馨。十载别离成永诀，归来黄叶蔽师坟。"

陆羽卒于古稀之年，与皎然同葬于杼山。

《茶经》内容概要分别为：

一茶之源：概括了茶的产地起源和特性。

二茶之具：谈采茶、制茶的用具。

三茶之造：叙说茶叶的采制方法。

四茶之器：介绍煮茶、饮茶所用器具，写明制作原料、制作方法、规格及其用途。

五茶之煮：论述茶的烤煮方法及煮茶的技巧。

六茶之饮：论述饮茶的沿袭变革和方式方法。

七茶之事：较全面地收集从上古至唐代有关茶的历史资料。

八茶之出：论述唐代茶叶产地及产地茶叶的优劣。

九茶之略：分析采茶、制茶可依当时环境，省略某些用具。

十茶之图：提出把《茶经》在白绢上写下来，挂在室内，经常观赏学习。

陆羽与其撰写的《茶经》影响极大，对发展到唐代的茶文化做了全面总结。总结了茶的栽种、制作、烹茶等相关物理性的知识，让茶饮文化更加丰富。

从《茶经》中可知，当时的茶叶种类“饮有粗茶、散茶、末茶、饼茶者”。这个顺序基本按照制茶程序的简繁程度排列，陆羽具体介绍了最复杂的饼茶的加工工艺，概括地说就是“采之，蒸之，捣之，拍之，焙之，穿之，封之”。

陆羽在《茶经》里摒弃唐代以前人们采用的粗放的煮茶法，而极力提倡煎茶法。他的煎茶法，不但合乎茶性、茶理，而且具有很强的文化内涵，一经推出立刻在文人雅士和王公贵族之间得到了广泛的响应。

《茶经》“九茶之略”记载，在寒食节前后现场采摘、制作茶叶，制茶用的七种工具可以省略；在山石松林、泉水溪流间煎茶，复杂的茶具亦可省略。这传达出制茶、饮茶道法天然的内涵。他还提出饮茶“最宜精行俭德之人”，不仅是为了定义适合饮茶的人，更是将茶品与人品相结合，倡导一种自律、节俭、内敛的生活态度。这种思想反映了茶文化中对道德修养的重视。

“茶”在古代有多种叫法，直至唐玄宗亲自作序并撰《开元文字音义》将含义为茶的“荼”改为“茶”，使得“茶”字以御撰的形式定了下来，为“茶”字的标准化奠定了基础。陆羽的《茶经》总结了唐以前茶的不同别称：“一曰茶，二曰槚，三曰蔎，四曰茗，五曰荈。”并在书中统一使用“茶”字统称，进一步推动了“茶”字的广泛流行。

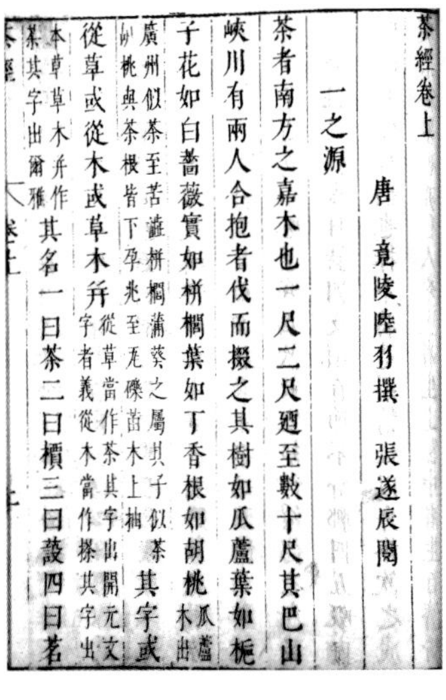
茶經卷上
唐 竟陵陸羽撰 張遂辰閲
一之源
茶者南方之嘉木也一尺二尺迺至數十尺其巴山峽川有兩人合抱者伐而掇之其樹如瓜蘆葉如梔子花如白薔薇實如栟櫚葉如丁香根如胡桃瓜蘆木出廣州似茶至苦澀栟櫚蒲葵之屬其子似茶胡桃與茶根皆下孕兆至瓦礫苗木上抽其字或從草或從木或草木并從草當作茶其字出開元文字音義從木當作梌其字出本草草木并作荼其字出爾雅其名一曰茶二曰檟三曰蔎四曰茗

《茶经》影印资料

《茶经》提炼了人、茶、水、火、器的融合之道，强调人与茶协调统一。种茶得所，采摘因时，制作有法，茶的生产、制作顺应了自然规律；茶香借水而发，择水的标准以及火候至关重要，在水沸腾的恰当时机投茶，才能煎出上乘茶汤；茶具讲究实用和美感，茶盏的尺寸、颜色要与茶汤匹配。后世饮茶风俗几经改变，但《茶经》总结的融合之道始终是茶人的不懈追求，《茶经》的内容框架也成为后继茶书的典范。

由于陆羽所著《茶经》影响深远，自唐代后期起，人们有了把陆羽当作“茶神”供祭的风俗。这套五代时期的茶具模型，据孙机先生考证，其中的白瓷人像应为“茶神”陆羽像，所展书卷可能是《茶经》。白瓷茶具分别是煎茶用的风炉和茶釜，研碾茶末的茶臼，点茶用的汤瓶以及盛茶渣的渣斗。这套白瓷茶具及陆羽像不仅反映了五代时期茶文化的发展，还体现了煎茶与点茶两种饮茶法交替时期的茶具变化。

五代
白瓷茶具及陆羽像
中国国家博物馆藏

· 卢仝《七碗茶歌》以茶问道

唐朝官员之间、文人之间、僧侣之间互赠茶礼较为普遍，将好茶相互赠予是一种高雅礼节和社交方式。文人雅士在收到友人寄来的茶礼后常作诗以示酬谢。

《走笔谢孟谏议寄新茶》诗，又名《七碗茶歌》，是卢仝品尝友人谏议大夫孟简所赠新茶之后的即兴作品，直抒胸臆，一气呵成。

卢仝，字景度，号玉川子，范阳（今河北涿州）人，是唐代著名的诗人和茶学家，他一生爱茶成癖，被后人尊为“茶仙”，与“茶圣”陆羽齐名。据传其在“甘露之变”时，因留宿宰相王涯家，与王涯同时遇害。

卢仝的《七碗茶歌》在中国茶道中具有极为特殊的地位，描述了不同层次的饮茶境界，将茶从一种饮品提升为一种精神享受和文化追求。它不仅是中国茶文化中的经典之作，更是茶道精神的重要体现，对后世茶文化的传播和普及起到了重要作用，被誉为“千古第一茶诗”。

《七碗茶歌》成为茶文化的重要象征，并在唐代广泛传颂。其不仅赞美了茶的美好，还传达了茶对身心健康的益处，推动了茶作为健康饮品的普及。

卢仝通过《七碗茶歌》促使茶从贵族和文人的专属饮品走向大众。他的诗不仅表达了对茶的喜爱，还传递了一种超脱世俗、回归自然的生活态度，这种态度被后世茶人广泛接受。

自宋以来，嗜茶、擅烹茶的诗人墨客，常喜与卢仝相比，如明人胡文焕的诗句“我今安知非卢仝，只恐卢仝未相及”。

品茶、赏泉、兴味酣然时，常以“七碗”“两腋清风”代称，如宋人杨万里的诗句“不待清风生两腋，清风先向舌端生”。

日高丈五睡正浓，军将打门惊周公。
口云谏议送书信，白绢斜封三道印。
开缄宛见谏议面，手阅月团三百片。
闻道新年入山里，蛰虫惊动春风起。
天子须尝阳羡茶，百草不敢先开花。
仁风暗结珠琲瓃，先春抽出黄金芽。
摘鲜焙芳旋封裹，至精至好且不奢。
至尊之余合王公，何事便到山人家。
柴门反关无俗客，纱帽笼头自煎吃。
碧云引风吹不断，白花浮光凝碗面。

一碗喉吻润。两碗破孤闷。
三碗搜枯肠，唯有文字五千卷。
四碗发轻汗，平生不平事，尽向毛孔散。
五碗肌骨清。六碗通仙灵。
七碗吃不得也，唯觉两腋习习清风生。
莲莱山，在何处？玉川子，乘此清风欲归去。
山上群仙司下土，地位清高隔风雨。
安得知百万亿苍生命，堕在巅崖受辛苦？
便为谏议问苍生，到头还得苏息否？
——卢仝《七碗茶歌》

苏轼诗“何须魏帝一丸药，且尽卢仝七碗茶”“不用撑肠拄腹文字五千卷，但愿一瓯常及睡足日高时”就是化用《七碗茶歌》的诗句而成。

《七碗茶歌》不仅在中国茶文化中占据重要地位，还被广泛传颂于日本、韩国等东亚国家。《七碗茶歌》中的“喉吻润、破孤闷、搜枯肠、发轻汗、肌骨清、通仙灵、清风生”被奉为日本茶道的精神精髓。

· 敦煌文献《茶酒论》

唐代饮茶之风盛行，促进了茶文化的飞跃式发展。《茶酒论》出自晚唐乡贡进士王敷之笔，反映了茶在唐代社会生活中具有重要地位。

王敷是唐代的一名乡贡进士，其生平事迹不详，主要因《茶酒论》而闻名。

《茶酒论》原文献内容为拟人化的“茶”与“酒”的辩争，直至今日读来仍不失趣味。茶与酒各自宣扬自己的优点，茶强调其提神醒脑、有益健康，酒则突出其助兴豪放、社交功能。最终，水出面劝解，指出茶与酒都离不开水，二者相辅相成，各有用途，没有水，他们都不能成其所以然，所谓万物和谐共生，从而化解了双方的矛盾。这表达了作者追求“以和为贵”的政治理念，揭示了事物各有长短、相辅相成的哲学思想。

同时，茶与酒的争论也反映了不同人群的生活态度。茶与酒相比，茶更显出宁静、淡泊、隐幽，酒更显得热烈、豪放，二者体现着人不同的品格性情，体现着人不同的价值追求。表现了饮茶与饮酒承载着文人们丰富的情感和生活感悟，反映了茶与酒在唐代社会生活中的重要地位。作品对茶的尊贵地位、饮用人群、主要产地、名茶种类、茶叶贸易、功用、煮茶之水等多方面内容进行了描写，道出了茶与禅门结缘的根本。“茶”止渴休养、洁净清凉、去昏沉等属性，与“禅”的思想追求相应相契，促使“茶”与之结合建构了“禅茶”的修养形式。

《茶酒论》生动地展现了茶的文化价值和健康理念，推动了茶文化的普及。作品不仅体现了茶与酒的文化差异，还反映了唐代社会中茶文化与酒文化的竞争与融合。

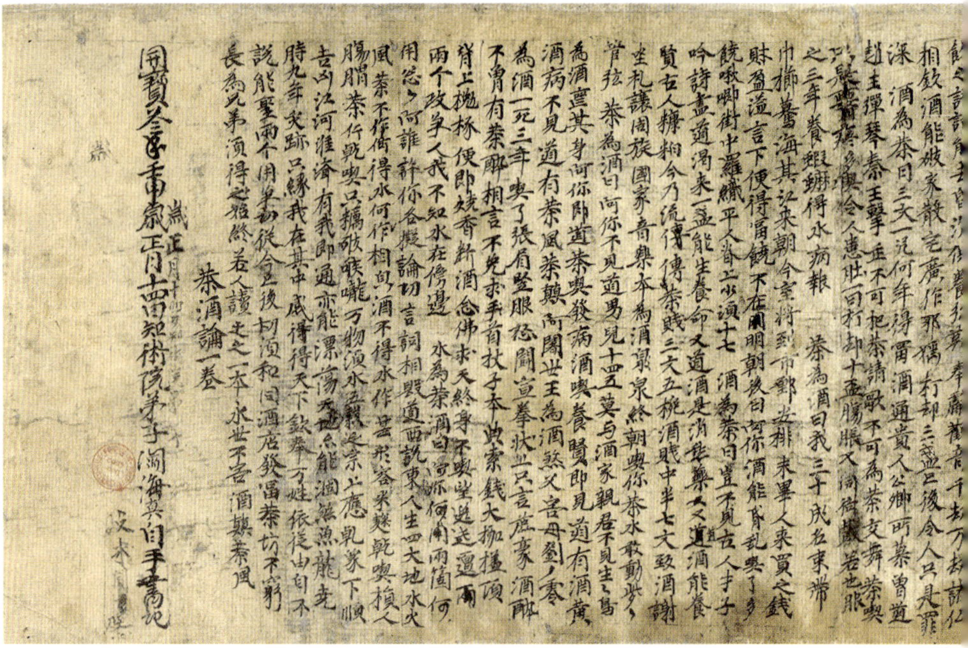

· 吕温《三月三日茶宴序》

茶宴是以茶为主题的雅集活动，是一种生活方式、生活美学形成的文化传统。

茶宴最早的活动记载见于南朝刘宋时刘义庆的《世说新语·轻诋篇》:“褚太傅初渡江，尝入东，至金昌亭，吴中豪右燕集亭中。褚公虽素有重名，于时造次不相识别。敕左右多与茗汁，少箸粽。”南朝刘宋时山谦之《吴兴记》记载:“唐时吴兴、毗陵二郡守造茶宴会于此。”这是目前所见“茶宴”一词的最早文字记载。

唐代文人墨客在闲暇之余，常约三五知己，到郊野山园、溪边竹下、松风夜月等地，进行烹泉煮茗、吟诗作对、闲谈纵论等风雅之事，讲究的是雅茶、

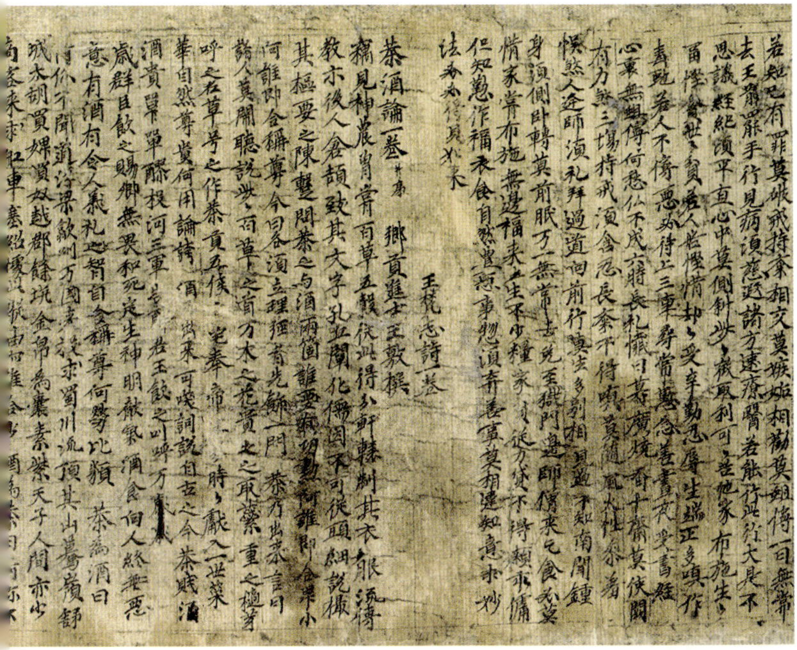

唐《茶酒论》写本
敦煌藏经洞出土
法国国家图书馆藏

雅人、雅事、雅兴。

“雅茶”指的是高品质、具有文化内涵的茶。在唐代，茶不仅是日常饮品，更是文人雅士社交和修身养性的重要媒介。

“雅人”是指有文化修养、情趣高雅的人，通常指文人墨客。唐代的“雅人”常以茶会友，通过品茶、吟诗、作画等方式陶冶情操。

“雅事”是指高雅的活动或行为，如品茶、吟诗、抚琴、对弈等。唐代的上巳节就是一个典型的雅事场景，文人雅士会在这一天聚会，举行茶宴等活动。这些活动不仅是娱乐，更是文化传承和精神追求的体现。

“雅兴”指的是高雅的兴趣和爱好，如对艺术、文学、音乐的热爱。唐代文人常在茶宴中抒发雅兴，通过品茶、赋诗、赏花等方式表达对生活的热爱和对自然的敬畏。

三月三的上巳节，吕温与朋友们在一起修禊共饮，客人中有南阳邹子、高阳许侯等人，所饮之物，不是“曲水流觞”里的酒水，而是以茶代酒，煎茶分酌。吕温信手写下一纸《三月三日茶宴序》，成为流传千古的散文名篇。《全唐文》中，描写茶宴活动的文章，仅此一篇。

三月三日，上巳禊饮之日也。诸子议以茶酌而代焉。乃拨花砌，爱庭阴，清风逐人，日色留兴。卧措青霭，坐攀香枝。闲莺近席而未飞，红蕊拂衣而不散。乃命酌香沫，浮素杯，殷凝琥珀之色，不令人醉，微觉清思。虽五云仙浆，无复加也。座右才子南阳邹子、高阳许侯，与二三子顷为尘外之赏，而曷不言诗矣。

——吕温《三月三日茶宴序》

在《三月三日茶宴序》中，“禊”又称“祓禊”，是指每年于春季上巳日在水边举行祭礼，临水洗濯、祓除不祥的祭祀活动。吕温对茶宴的优雅气氛和品茶的美妙韵味都作了生动的描绘。这种茶宴形式后来成为文人雅集的重要组成部分，对中国茶文化的发展产生了深远影响。

（三） 文人墨客的茶、诗生活

唐诗璀璨，光耀千古。在唐代这个茶文化兴盛的重要时期，诗人们纷纷以茶为吟咏的主题，留下了许多值得传诵的诗篇。茶诗的数量，中唐开始如涓滴细流，到了唐末已汇成大海。举凡茶叶采摘、焙制、煎煮、品饮，以及名茶、名泉、茶之功效、茶宴等，无不入诗。诗中记述茶事之盛，其广泛流传促进了茶的传播及普及。

中唐时期不只是唐代审美风尚转变的分界，也是唐代茶诗创作风潮的转折。中唐以前，茶诗多出自僧人之手，其在民间的传播也较为缓慢，而随着饮茶习俗的逐渐蔓延，茶诗创作在文人雅士中愈发流行起来。

中唐时期，茶圣陆羽撰写的《茶经》掀起了茶诗创作的热潮，以白居易为代表的一批唐代诗人，创作了大量的茶诗，诗的内容也更为丰富。除体现与茶有关的内容之外，这些茶诗中，有的寄托了诗人丰富的情感，有的暗含了诗人对于人生的感悟，更为细腻的思想内涵推动茶诗文化达到了更高的艺术层面，也丰富了茶诗本身的审美境界。

在这些茶诗中，唐代文人的精神风貌和修养境界藏于字里行间，茶与诗文之美，以唐代茶文化、诗歌文化为依托，倾注于笔墨之上。深入茶与诗的精神世界，感悟茶之美、诗之美与人生之美。

· 白居易的茶、诗生活

白居易对茶的喜爱贯穿了他的一生。从早期的志在兼济天下，到被贬后的淡泊名利，再到晚年的“中隐”生活，茶始终伴随着他。

白居易，字乐天，晚年自号香山居士，祖籍太原，生于河南新郑，现实主义诗人，唐代三大诗人之一，人称“诗魔”。白居易一生创作了大概60首茶诗，这些作品不仅反映了他对茶的喜爱，也展现了他与茶相伴的生活方式。在诗歌创作中，茶不仅是日常饮品，更是精神寄托和生活情趣的象征。

白居易的茶诗展现了他对自然、和谐之美的追求。他的茶诗分为爱茶诗、饮茶诗、赠茶诗和制茶诗等多种类型，内容丰富，风格多样。这些诗作不仅记录了他与茶的渊源，还反映了他的人生轨迹和心态变化。

在洛阳白居易宅院遗址出土了一套茶具，包括陶碾轮、酱黑釉研钵、三彩盂、黑釉褐斑执壶、白釉盏托、绿釉渣斗等用具，更加证实了他爱茶之名。

河南洛阳
白居易宅院遗址出土茶具
中国社会科学院考古研究所藏

他在茶诗中称自己为“别茶人”，表达了对茶的偏爱。他不仅自己爱茶，还与众多爱茶的朋友以茶互赠，以诗还礼，茶成为他与友人交流的重要媒介。《谢李六郎中寄新蜀茶》《萧员外寄新蜀茶》都是在收到友人赠茶后回的诗。

他的茶诗中，饮茶场景丰富多样。他在《山泉煎茶有怀》中就表达了对煎茶过程的喜爱，在《吟元郎中白须诗，兼饮雪水茶，因题壁上》中就描述了饮雪水茶的事情。无论是在家中、山间，还是与友人对坐，茶总是他生活中的重要组成部分。

故情周匝向交亲，新茗分张及病身。
红纸一封书后信，绿芽十片火前春。
汤添勺水煎鱼眼，末下刀圭搅曲尘。
不寄他人先寄我，应缘我是别茶人。
——白居易《谢李六郎中寄新蜀茶》

蜀茶寄到但惊新，渭水煎来始觉珍。
满瓯似乳堪持玩，况是春深酒渴人。
——白居易《萧员外寄新蜀茶》

坐酌泠泠水，看煎瑟瑟尘。
无由持一碗，寄与爱茶人。
——白居易《山泉煎茶有怀》

吟咏霜毛句，闲尝雪水茶。
城中展眉处，只是有元家。
——白居易《吟元郎中白须诗，兼饮雪水茶，因题壁上》

尽管白居易一生坎坷，但他始终保持着对生活的热爱和积极乐观的态度。他的茶诗中充满了对日常生活的细致观察和对美好时光的珍惜。如他在《食后》中描绘了饭后饮茶的惬意场景，展现了即使在被贬谪的岁月里，他依然能在一杯茶中找到生活的乐趣。

一首《闲眠》更是把闲散、淡然的生活态度写得淋漓尽致，也为“茶”增添了更多宁静、满足的意味。

食罢一觉睡，
起来两瓯茶。
举头看日影，
已复西南斜。
乐人惜日促，
忧人厌年赊。
无忧无乐者，
长短任生涯。

——白居易

《食后》

暖床斜卧日曛腰，
一觉闲眠百病销。
尽日一餐茶两碗，
更无所要到明朝。

——白居易《闲眠》

白居易的茶诗不仅是对茶文化的贡献，也是他人生哲学的写照。他通过茶诗表达了对生活的热爱和对自然的敬畏，展现了“茶如人生，人生如茶”的深刻感悟。

· 元稹的宝塔诗《茶》

元稹有一首诗名《茶》，是一首“一字至七字诗”，俗称“宝塔诗”，这种形式的诗歌在中国古代较为少见。这首诗以茶为主题，从茶的形态、香气、烹茶的细节到茶的文化意义，全方位地展现了茶在唐代文人生活中的重要地位。

元稹，字微之，别字威明，洛阳（今河南洛阳）人。为北魏宗室鲜卑族拓跋部后裔。早年和白居易共同提倡“新乐府”，世人常把他和白居易并称“元白”。

茶。

香叶，嫩芽。

慕诗客，爱僧家。

碾雕白玉，罗织红纱。

铫煎黄蕊色，碗转曲尘花。

夜后邀陪明月，晨前命对朝霞。

洗尽古今人不倦，将知醉乱岂堪夸。

——元稹《茶》

一字以“茶”字点题，接着写了其味香和形美。第三句是倒装句，说茶深受“诗客”和“僧家”的爱慕。茶与诗，总是相得益彰的。第四句写的是烹茶，因为古代饮的是饼茶，所以先要用白玉雕成的碾把茶叶碾碎，再用红纱制成的茶罗把茶筛分。第五句写烹茶先要在铫中煎成“黄蕊色”，尔后盛载碗中浮沫饽。第六句谈到饮茶，不但夜晚要喝，而且早上也要饮。到结尾时，指出茶的妙处，不论古人还是今人，都会谈到饮茶使人精神饱满，特别是酒后饮茶有助醒酒。

此诗全方位地展现了唐代文人的饮茶生活，诗中既有动人的芬芳，又有生动的色彩，体现了茶与生活的完美融合。

· 皎然诗中茶道

茶文化中的核心——茶道，也就是借茶修性而至于悟道，这属于至高的精神境界。这并非陆羽之功，而是由他的至交，诗僧皎然开创。

皎然，湖州长城（今长兴）人，俗姓谢，字清昼，谢安的十二世孙，是唐朝有名的诗僧、茶僧。一生经历了玄宗、肃宗、代宗、德宗四朝。于杭州灵隐寺受戒出家，法号皎然。后久居吴兴杼山妙喜寺。他多才多艺，在文学、佛学、道学、茶学等诸多方面造诣深厚，是中国茶道的开创者，以茶为饮之风的积极推广者；是茶文化、茶道理念的集大成者，也是“佛茶之风”“佛禅茶道”的探路者。他善烹茶，作有茶诗多篇，并与陆羽交往甚笃，常有诗文酬赠唱和。

在陆羽和皎然同住妙喜寺时，陆羽曾在寺旁督建一亭，因是癸丑岁、癸卯朔、癸亥日落成，当时正出任湖州刺史的颜真卿名以“三癸亭”。时人对陆羽筑亭，颜真卿题名，皎然和诗，称赞为“三绝”，一时传为美谈。

九日山僧院，东篱菊也黄。
俗人多泛酒，谁解助茶香。

——皎然《九日与陆处士羽饮茶》

秋意西山多，列岑萦左次。
缮亭历三癸，疏趾邻什寺。

——皎然《奉和颜使君真卿与陆处士羽登妙喜寺三癸亭》（节选）

陆羽完成《茶经》离开后，颜真卿也调任了，皎然四大皆空，去留无意，他照常交友，联句，品茶，参禅。

崔石任湖州刺史，身为江东名僧的皎然，自然不可能不结识的，史籍虽不见记载，但是留下了一首《饮茶歌诮崔石使君》诗。就是这首诗，奠定了皎然茶道鼻祖的地位。

皎然是历史上第一个提出茶道的人，并以“三饮”来诠释。后来的卢仝，虽被誉为“茶仙”，但他的“七碗茶”，是皎然“三饮”的发展和延续。皎然的

《饮茶歌诮崔石使君》，赞誉剡溪茶清郁隽永的香气，甘露玉浆般的滋味，并生动描绘了一饮、再饮、三饮的感受，与卢仝有异曲同工之妙。

皎然推崇饮茶，把饮茶的好处说得更神。在《饮茶歌送郑容》诗中，认为茶有仙灵，藏于仙府，人不相识，惟有云山童子才常调金铛煮饮。皎然在诗中提出茶不仅可以除病祛疾，荡涤胸中忧患，而且会踏云而去，羽化飞升。诗以茶为主线，通过生动的描写和丰富的想象力，展现了茶的神奇功效和文化内涵，同时也表达了诗人对友人的深情祝福。

越人遗我剡溪茗，采得金芽爨金鼎。
素瓷雪色缥沫香，何似诸仙琼蕊浆。
一饮涤昏寐，情来朗爽满天地。
再饮清我神，忽如飞雨洒轻尘。
三饮便得道，何须苦心破烦恼。
此物清高世莫知，世人饮酒多自欺。
愁看毕卓瓮间夜，笑向陶潜篱下时。
崔侯啜之意不已，狂歌一曲惊人耳。
孰知茶道全尔真，唯有丹丘得如此。

——皎然《饮茶歌诮崔石使君》

丹丘羽人轻玉食，采茶饮之生羽翼。
名藏仙府世空知，骨化云宫人不识。
云山童子调金铛，楚人茶经虚得名。
霜天半夜芳草折，烂漫缃花啜又生。
赏君此茶祛我疾，使人胸中荡忧栗。
日上香炉情未毕，醉踏虎溪云，
高歌送君出。

——皎然《饮茶歌送郑容》

（四）书画中的茶韵

· 音乐与茶

唐代是中国茶文化发展的重要时期，宫廷饮茶则集中体现了这一时期茶文化发展的最高水平。唐代绘画中有许多表现了这一时期宫廷生活场景的绘画作品，展现了宫廷品茶与奏乐的闲适画面，展现了音乐与茶共同营造宁静雅致氛围的和谐关系。

在《唐人宫乐图》中就展示了唐时宫中女子在优雅的环境里齐聚一堂，品

唐 佚名《唐人宫乐图》局部 台北故宫博物院藏

茶奏乐，享受着最惬意的时光。这幅画应完成于晚唐，正值饮茶之风盛行之时，画中描绘了宫廷女子围在一张巨型长方桌四周休闲奏乐时的情景。画中的人物有的轻摇团扇，有的吹弹奏乐，有的休闲品茶。画中人物身旁的方桌上，摆放着茶碗和茶托，桌子正中放置一个大茶釜，画幅右侧中间的一名女子正手执长柄茶勺，把茶汤盛放到茶碗里；坐在旁边的一名女子正手持茶碗，因为听曲听得入神，一时忘记了喝茶；而另外一名女子正把饮碗中的茶，她身后的侍女则伸出右手，等着给添茶。画中是典型的“煎茶法”场景，这种饮茶方式是陆羽《茶经》中提倡的，展现了唐代宫廷茶事的精致与规范。大碗饮茶，静听乐声，成为一种重要的娱乐形式，整幅画呈现了唐代宫廷女子雅致的生活情调，是唐代宫廷生活中茶与音乐结合的生动写照。

《明皇合乐图》相传是宫廷画家张萱的作品，描绘了唐明皇仰卧于御榻上吹箫，周围有四位仕女，其中一位仕女手持托盘，盘内盛有茶壶等物，走向床前。此画表现了唐明皇玩赏音乐的同时，也在享受茶的雅趣，反映了唐代宫廷中，茶与音乐成为一种重要的娱乐形式。这种风尚不仅局限于宫廷，还逐渐影响到社会各阶层。

唐 张萱
《明皇合乐图》
台北故宫博物院藏

《调琴啜茗图》相传为画家周昉所作，此图细致地描绘了唐代女子饮茶调琴的场景，是最早将茶与琴结合在一起的作品。中间三人一人坐在石上调琴，另两位一位啜茗一位侧耳静听琴声，两侧侍女一人端茶托，一人执茶杯。画中女子神态端凝娴静，颇具慵懒寂寞和睡意惺忪的颓唐之态。茶与琴集于一画，反映当时的审美趣味及闲散恬静的享乐生活。

唐 传周昉绘
《调琴啜茗图》
美国纳尔逊·艾金斯艺术博物馆藏

· 日常生活与茶

唐代是中国茶文化的重要发展阶段，茶从一种饮品逐渐成为一种文化符号，融入社会生活的各个方面。茶成为社交中的重要角色，常用作文人雅士的待客之物。唐代的书画中也直接反映了这一点。

《苦笱帖》为怀素代表作，草书二行，释文为：“苦笋及茗异常佳，乃可径来。怀素上。”意思是说，苦笋和茶都非常好，可以直接送来。这封信反映了当时文人对茶和笋的喜爱，也体现了唐代茶文化的盛行。

《萧翼赚兰亭图》是阎立本根据唐代何延之《兰亭记》所创。画面中有五位人物，中间坐着一位和尚即辩才，对面为萧翼，左下有二人煮茶。

画面左下有一长者左手持长柄茶铛置于风炉上，右手持茶箸欲搅动茶汤。另一旁，有一童子弯腰，手捧黑漆茶托，上坐一白瓷茶碗，小心翼翼地准备“分茶”。侧旁竹制品为“具列”，放置着其他茶碗、茶罐等用具。这幅画不仅记载了古代僧人以茶待客的史实，而且再现了唐代烹茶、饮茶所用的茶器，以及烹茶方法。

这幅画还有一幅宋代摹本，在辽宁省博物馆藏。画中一隅同样描绘了唐人煮茶待客场景，其中风炉、茶釜、茶匙、茶碗、盏托、茶夹等器物以及人物的煮茶动作摹绘得也十分细致。

唐 怀素书法 《苦笋帖》 上海博物馆藏

唐 传阎立本绘 《萧翼赚兰亭图》南宋摹本 台北故宫博物院藏

唐 《萧翼赚兰亭图》北宋摹本局部 辽宁省博物馆藏

在新疆维吾尔自治区吐鲁番市阿斯塔那墓地187号墓出土的《托盏侍女图》是屏风画《弈棋仕女图》的一部分，这是一张唐代贵族眷属家居饮茶的“生活照”。仕女手持高足托盘和高足杯，为对弈的主人进茶，茶盏由茶托与茶杯组成，体现了唐代茶具的典型特征。该作品的出土，不但表现了唐代饮茶文化的盛行，还反映出茶文化不仅已在中原地区广泛传播，还通过丝绸之路影响到西域地区。

唐《托盏侍女图》
新疆维吾尔自治区博物馆藏

（五） 茶味审美显于器

茶器是承载茶的主要工具，茶器在设计上也体现了茶文化所传递的理念和文化内涵。

唐代茶叶有“粗茶、散茶、末茶、饼茶”之分，唐人将茶叶煎煮着喝，简言之即先把茶叶用茶碾碾磨成末，茶罗则用于筛分茶末。将筛分好的茶末投入茶釜中煎煮，最后分酌于茶碗中饮用。与饮茶方式相对应的茶器有茶釜、茶碗、盏托、茶铛、茶铫、茶碾、茶罗、茶盒、茶匙等。

唐代茶器材质较为多样，宫廷贵族茶具以贵重闪耀的金银器、琉璃等珍贵材料为主，凸显了皇室的尊贵与奢靡。官员与百姓则多以陶瓷为主。

这些茶器在唐代饮茶文化中扮演了重要角色，并因为茶文化的有效渗透和应用，丰富了茶器的文化内涵，使茶器能够呈现出独特的意蕴美。

· 华贵的唐宫金银茶具

1987年4月在陕西扶风法门寺地宫出土了一批唐代皇室供奉给佛祖的珍宝，其中一套金银茶器是唐僖宗皇帝御用的。这套茶具是迄今为止世界文化史上发现时代最早、器形品类最完整、制作最为精美的茶具，也是茶文化界迄今为止级别最高的唐宫廷金银茶具，包括烘焙、碾罗、贮藏、烹煮、饮茶用具等。所以法门寺地宫出土的这套金银茶具堪称完美无缺的艺术精品。

这组茶器体现了唐宫廷茶宴的礼仪规范，体现了大唐茶文化的精神追求。茶器华贵精巧，其工艺之细、质地之优世所罕见，折射出大唐宫廷茶道的独特风貌和蕴含的深厚文化精神内涵。它是唐代皇室宫廷生活的一角，彰显了大唐皇室的奢华生活，让我们对唐代饮茶文化的兴盛有了更进一步的了解。

装茶饼的容器

鎏金镂孔飞鸿毬路纹银笼子

器身为模冲成形，通体为镂空的毬路纹，呈圆柱形，四足。

金银丝结条笼子

器以银丝编织而成，上有金丝编成的提梁。

鎏金人物画银坛子

盖顶为宝珠形提钮，坛身下部为双层仰莲瓣。

装茶粉的容器

鎏金银龟盒

整器作龟形，以背甲作盖。

碾茶叶的工具

鎏金刻鸿雁纹银茶碾

法门寺《衣物账碑》中称之为“茶槽子”“碾子”。茶碾槽上錾刻“咸通十年文思院造银金花茶碾子一枚并盖，共重廿九两，匠臣邵元，审作官臣李师存，判官高品臣吴弘慤，使臣能顺。”

罗筛茶叶的工具

鎏金仙人驾鹤纹壶门座银茶罗子

茶罗子是将碾碎的茶放到茶罗里进行罗筛，筛除未碾碎的粗梗和碎片，陆羽《茶经》记载：唐代中期罗筛的茶末形如米粒大小，用其煎茶饮之。

整件茶罗呈匣状，中间夹有罗网，其用途是将碾好的茶叶进行过筛，“罗细则茶浮，粗则水浮”。罗的出现表明当时的人们对茶末的细度有了更高的要求，这件茶罗是我国首次发现的唐代茶罗，十分珍贵。

盛放盐、姜、椒等调味品的工具

鎏金摩羯纹银盐台

该盐台是唐代宫廷茶具的一部分，用于盛放盐、姜、椒等调味品。唐代饮茶习俗中，煮茶时会加入盐以提味增香。

盐台出土于地宫后室，钣金成型，纹饰鎏金。由盖、台盘、三足架组成。三足架上錾刻：“咸通九年文思院造涂金银盐台一只，并盖重一十二两四钱，判官臣吴弘慤，使臣能顺。”

投放茶末或搅拌茶汤的工具

鎏金飞鸿纹银匙
鎏金蔓草纹长柄银匙

煮茶时，水和茶都有特定的比例，讲究特定的火候投放茶末，银匙就是投放茶末时所用的量具。鎏金飞鸿纹银匙是用搅打鍑中开水“环击汤心”的工具，长柄银匙是用来搅拌茶末的。

夹茶饼烘烤的工具

鎏金系链银火筯

火筯是夹茶饼烘烤的工具。

搅拌用的茶具

鎏金伎乐纹银调达子

调达子是搅拌用的茶具，将茶末放入其内，加上适当的佐料，再用沸水在调达子内将茶等调成糊状，再加入沸水调成茶汤以供人饮用。

饮茶的茶具

素面淡黄色琉璃茶托、茶盏

· 多彩的陶瓷茶具

官员与百姓的茶具多用竹、木、铜、铁、瓷器，以陶瓷为主。

2022年考古发现在山西省长治市潞州区屈家庄村唐墓M20中出土有成套茶具组合，包括白瓷执壶、白瓷碗、白瓷茶瓯、铁制茶碾、绿釉渣斗等，瓷器质地佳、组合完整。这是反映唐代茶事的最新考古发现之一。

唐　茶具组合
长治市文物保护研究中心
（长治市考古研究所）藏

① 白釉执壶　②白釉托盏一对　③ 白釉花口盏　④ 黑釉研钵　⑤ 绿釉渣斗

饮用饼茶时需先用茶碾等工具把茶饼加工为茶末。茶碾由碾槽和碾轮组成，碾轮中间穿孔插柄。把茶饼放置于碾槽中，手持柄使碾轮前后滚动，碾碎茶饼。宋代还有形制如石磨的茶碾，同样用于碾制茶末。

唐　长沙窑陶碾轮
与青釉印花茶碾
湖南博物院藏

陶瓷研钵呈碗形，内壁不施釉并刻划细线、篦点等凹凸纹饰，以增大摩擦力，配合木质、瓷质杵等使用。研钵可用于研磨茶饼、散茶，也可用于研磨姜、椒等调味品。

唐 长沙窑研钵
湖南博物院藏

茶碗，又称茶瓯，系典型的唐代茶具。一般分为两类：一类以玉璧底碗为代表，属于陆羽提倡的“口唇不卷，底卷而浅，受半升已下”的器型；另一类为花口，通常作五瓣花形，腹部压印成五棱，圈足稍外撇，多出现于晚唐、五代时期。

唐 长沙窑青釉褐彩『茶垸』铭碗
湖南省文物考古研究所藏

用于煎茶的炊器有风炉、茶鍑、茶铫、茶铛、三足炉等。风炉用于燃烧炭火。鍑、铫、铛置于风炉上方，以煮水煎茶。

茶鍑也就是茶釜，是唐代重要的煮茶器具，常与风炉配套使用。通常为敛口，深腹，圜底，或有二耳。鍑（釜）之大口，便于观察水的沸腾状态。

茶铛侧面接一柄方便手持。铛分有足铛和无足铛两种。带三足的铛与三足炉一样，可直接在器身下部点火，无需风炉。

唐 巩义窑黄釉风炉及鍑
中国茶叶博物馆藏

唐 长沙窑绿釉茶铛
中国茶叶博物馆藏

河南巩义市出土的唐三彩茶具组，这是专门制作的非实用器，有再现世俗生活、供养逝去先人等含义。它再现了“茶圣”陆羽煮茶的形象，这也是我国迄今发现最早的与陆羽形貌相关的实物资料。

三彩煎茶坐俑和炉模型

三彩碾模型和盂模型

三彩罐模型和执壶模型

三彩茶桌模型

唐　唐三彩茶具组

巩义市博物馆藏

此套三彩模型中的坐俑模型，端坐于煎茶风炉旁，应为陆羽像。司马家族墓地出土多套三彩、单彩茶具及煎茶坐俑模型，巩义黄冶窑遗址亦出土同类模型。

第六章

宋代茶文化的巅峰与辽金茶事

在茶文化的历史中，宋代的茶文化发展到了前所未有的巅峰，无论是皇家对茶产业的精细管控，还是文人雅士对茶道的极致追求，都成了后世宝贵的财富。从皇家垄断的贡茶、榷茶制度，到文人墨客笔下风雅的茶诗、茶画，再到茶具美学的极致展现，茶文化在这一时期呈现出多元的面貌。同时，辽、金等北方民族与中原地区的茶文化交流融合，也为这一时期的茶文化注入了新的活力。

（一）皇家管控的供产销“一条龙”

· 贡茶制度下形成的“北苑贡茶”

五代闽国龙启元年（933年），建州茶人张廷晖（张三公）将其经营的凤凰山（今建瓯市东峰镇境内）方圆30里的茶园献给闽王王延钧，成为皇家御茶园，因地处闽国北部，故称“北苑茶园”。北苑茶之后逐渐成为皇家专享的贡茶。

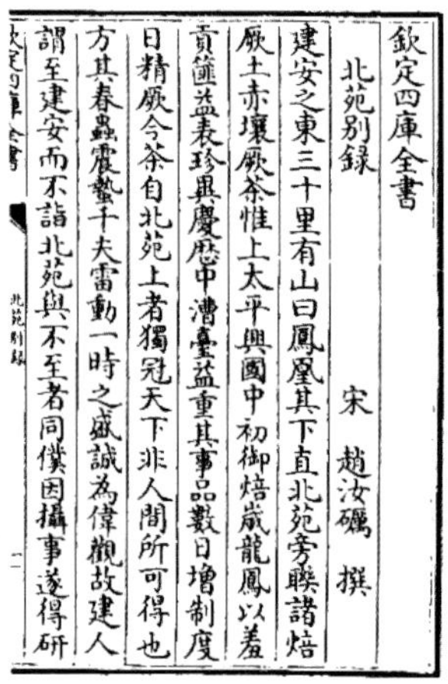
欽定四庫全書
北苑别録　宋　趙汝礪　撰
建安之東三十里有山曰鳳凰其下直北苑旁聨諸焙
厥土赤壤厥茶惟上太平興國中初御焙歳龍鳳以羞
貢篚益表珍異慶歴中漕臺益重其事品數日增制度
日精厥今茶自北苑上者獨冠天下非人間所可得也
方其春蟲震蟄千夫雷動一時之盛誠為偉觀故建人
謂至建安而不詣北苑與不至者同僕因攝事遂得研

《北苑别录》影印资料

《北苑别录》记载：“建安之东三十里，有山曰凤凰，其下直北苑，旁联诸焙，厥土赤壤，厥茶惟上。太平兴国中，初御焙，岁龙凤以羞贡篚，益表珍异。庆历中，漕台益重其事，品数日增，制度日精。厥今茶自北苑上者，独冠天下，非人间所可得也。”

宋代的贡茶制度在沿袭唐代的基础上有了很大变化，随着顾渚山贡茶院的衰落，北宋皇室将北苑茶园正式设立为贡茶园，专门负责宫廷饮茶的供给。相较于唐代的贡茶院，宋代的贡茶园规模更加庞大。

北宋初期，宋太宗遣使至建安北苑，监督制造一种皇家专用的茶，由宋太宗专赐带有龙凤图样的模具，茶饼上印有龙凤形的纹饰，这种茶就叫“龙凤团茶”。

宋代北苑茶园不仅茶产量巨大，且从制作工艺、外部包装、保存方面，都比前代有了很大的进步。包括采、拣、洗、蒸、榨、研、压、焙，初期用龙脑和膏将茶封好，盖上龙纹封印。宋徽宗在《大观茶论》中描述北苑的贡茶："本朝之兴，岁修建溪之贡，龙团凤饼，名冠天下，而壑源之品，亦自此而盛。延及于今。百废俱举，海内晏然。……近岁以来，采择之精，制作之工，品第之胜，烹点之妙，莫不盛造其极。"北苑贡茶盛极一时。

讲北苑贡茶名震天下史，离不开丁谓和蔡襄的功劳。蔡襄的《蔡忠惠公文集》引用张舜民《画墁录》记载："丁晋公为福建转运使，始制凤团，后又为龙团，不过四十饼，专拟上供，虽近臣之家，徒闻之，未尝见也。"蔡襄后来改制小龙团。欧阳修感叹："庆历中，蔡君谟为福建路转运使，始造小片龙茶以进，其品绝精，谓之小团。凡二十饼重一斤，其价直金二两。然金可有而茶不可得。"可以想象龙凤团茶有多珍贵难得。

江少虞《事实类苑》中说："龙茶以供乘舆及赐执政、亲王、长主，余皇族、学士、将帅，皆得凤茶。舍人、近臣赐京挺、的乳，馆阁白乳。龙、凤、石乳茶，皆太宗令作。江左乃有研膏茶供御，即龙茶之品也。"可见龙凤团茶，是只限达官贵人喝的茶。

北宋 铜渣斗与茶叶遗存
陕西省考古研究院藏

在陕西省蓝田县吕氏家族墓出土的铜渣斗与茶叶遗存中，茶叶遗存附在一件铜钵内壁中，大约有40余枚芽茶，这说明宋代的茶形态不仅有团饼茶，也有未经压制的草茶。

研究北苑贡茶的茶学专著有十几种，如宋徽宗的《大观茶论》、蔡襄的《茶录》、熊蕃的《宣和北苑贡茶录》等。历代吟咏北苑贡茶的诗词曲赋大概有数百篇，留下了许多脍炙人口的名句，如范仲淹的

“北苑将期献天子，林下雄豪先斗美”，苏轼的“从来佳茗似佳人”，陆游的“建溪官茶天下绝”等。

北苑茶文化的形成与发展，对宋代茶文化的发展具有重要的推动作用。

北苑御茶园遗址位于福建省建瓯市东峰镇凤凰山，从933年办御茶园起，直至明朝洪武二十四年（1391年）罢造，北苑茶持续御贡458年。

· 榷茶制度的完善

榷茶制度是一种茶叶的专卖制度，由官府垄断茶叶的生产和贸易，统一向茶农收购茶叶，并统一向茶商出售。官府还设置了榷茶场作为茶叶专营专卖场所。通过这种方式，官府既能收取茶税，又能获取差额利润。唐德宗时期榷茶制已经出现，然而，唐代的榷茶制度在实施过程中存在诸多问题，如官府过度追求税赋，甚至将私人茶园划归官有，引发了官民矛盾，最终导致榷茶制废止。

与唐代相比，北宋的榷茶制度在建立与推行上有所不同。北宋对茶税的征收进行了一系列改革，实行了全过程垄断经营。据《宋史》记载，官府垄断园户出产的所有茶叶，除作为租税交纳外，其余茶叶也由官府统一收购。商人从事茶叶贩卖，必须先向京师榷货务或指定地点缴纳铜钱或金帛，换取领茶凭证，然后到指定地点领取茶叶进行贩卖。

北宋的榷茶制度始于建隆三年（962年）。据《续资治通鉴长编》记载，当时朝廷派遣监察御史刘湛到蕲春榷茶，岁入倍增。北宋初年，国家刚刚结束五代十国的割据局面，面临着稳定政权和筹集战争经费的双重任务，榷茶制度对于增加财政收入具有重要意义。

北宋的榷茶制度经历了多次变革。

嘉祐四年（1059年），仁宗下令罢黜榷茶，颁行通商之法，允许茶农种茶交租、商人贩茶交税。然而，到了崇宁元年（1102年），蔡京恢复榷禁。

此后，蔡京又进行了两次重大改革：崇宁四年（1105年），推行卖引法，废除了官府垄断茶叶收购批发的制度，允许商人与园户直接交易，但仍是专卖法；政和二年（1112年），蔡京推行合同场法，最终确立了“以引榷茶”的模式。这一模式通过发引、验引、批引、缴引等办法，对商人收购、运输、销售等各环节进行严密管理，茶引的印造和发卖权统一收归国库。

蔡京茶法是宋代榷茶制度由官府垄断收购向“以引榷茶”转化的标志，这一转变顺应了社会经济发展的趋势，调整了经济管理政策和方式。因此，“以引榷茶”的模式在南宋和元朝得以沿用和发展。

· 茶马互市延续千年

茶马互市是指中原王朝与西部少数民族之间以物物交换为主要特征的商业贸易形式，因双方互换的商品主要是茶叶、马匹，故以此名之。茶马互市发端于唐代，有“回鹘入朝，大区名马，市茶而归”的记载。到了宋代，其规模则大幅度扩张。

太平兴国二年（977年），北宋开始在边区设立茶马司，禁止以铜钱买马，改用以马换茶，正式实行茶马互市制度。宋神宗熙宁七年（1074年）又于四川成都、甘肃秦州和熙州设立茶司和马司，专管茶马交易事务。而茶马互市已抵成都，邛崃南关外之南桥，即为当年的互市之所。元丰四年（1081年），宋神宗下诏：“专以雅州名山茶为易马用。”雅州和邛州（今成都邛崃）一带所产的茶叶被称为“南路边茶”，而灌县（今成都都江堰）、彭州、大邑等地所产茶叶则被称为“西路边茶”，可见“成都造”茶叶在茶马互市中占据了主要份额。官方也将此制度化，设立“买茶司”“买马司”“茶马司”等民族贸易的管理机构。

南宋高宗时，由于陕西失守，又将川秦茶马四个司合并为都大提举茶马司。其职责为“掌榷茶之利，以佐邦用。凡市马于四夷，率以茶易之”。此后，设在四川的茶马司主管西南少数民族的茶马交易，设在甘肃的主管西北少数民族的茶马交易。茶马贸易在宋代正式发展起来，并与茶引、榷茶、榷货务等紧密结合，形成了一套复杂而严密的茶马法。

茶马互市交易的商品不止有茶叶和马匹，实际上是一种互通有无的贸易，内地的布匹、丝绸、糖、盐，少数民族地区的虫草、麝香、贝母、皮货、羊毛、黄金等，都是彼此用来交换的商品。

中国历史上的茶马贸易，持续时间很长，在民族经济往来、民族关系和文化认同等方面承担重要角色。

（二）巅峰时代的茶理论

· 文书双绝的《茶录》

蔡襄于庆历年间任福建路转运使时，监造北苑贡茶。在前人所制“大龙团”茶的基础上，精益求精，制出“小龙团”茶。由于制作工艺复杂、严谨，对原材料的选用又极为严苛，所以制出的“小龙团”茶品质上乘，数量稀少，成为当时皇室御用的顶级茶饮。

蔡襄，北宋名臣，书法家、文学家、茶学家。为人方正，清明廉洁，爱国惠民，赢得了“北宋贤臣”的赞誉。其所著的《荔枝谱》是世界上最早的一部果艺栽培学专著；所著的《茶录》是论述宋代茶文化的名著。

蔡襄精通茗理，熟悉茶叶的生产环境和制作工艺，对宋代的茶叶生产及茶文化有突出的影响。他在《茶录》中写到：“昔陆羽《茶经》不第建安之品，丁谓《茶图》独论采造之本，至于烹试，曾未有闻。臣辄条数事，简而易明，勒成二篇，名曰茶录。”他认为陆羽《茶经》没有详细介绍建安的北苑贡茶；丁谓《茶图》也只记述了贡茶的采造。对于北苑贡茶的点试，从未有人涉及，为了填补陆羽、丁谓留下的空白，蔡襄撰写了《茶录》二篇，上篇论茶，下篇论器，为宋代茶饮奠定了理论基础。

《茶录》不但是继陆羽《茶经》之后最有影响的论茶专著，在书法艺术上还是蔡襄最为典型的小楷代表作，之后此书进献给了宋仁宗。

上篇主要论述茶叶品质和烹饮方法，详细论述了如何分辨茶叶、保存茶叶以及品茶的流程和所需器具等，分为“色、香、味、藏茶、炙茶、碾茶、罗茶、候汤、熁盏、点茶”十条。

下篇为制茶的器具与茶具，且详实介绍了斗茶的方法，茶器以藏茶与点试所用的器具为主，分为“茶焙、茶笼、砧椎、茶钤、茶碾、茶罗、茶盏、茶匙、汤瓶”九条。

在书中，蔡襄不仅推崇建州的北苑贡茶，也推出了建盏茶器，使得民间的斗茶之法从此登上了高雅厅堂。《茶录》是反映宋代茶文化的经典之作，向世人展现了宋代茶饮的美学意境，不但在中国茶文化史上占有重要的地位，也对世界的茶文化发展产生了积极、深远的影响。

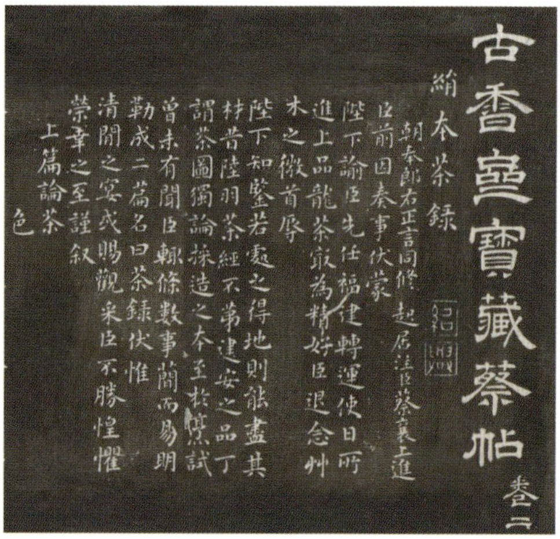

蔡襄《茶录》
明《古香斋宝藏蔡贴》（局部）

· 北宋茶品鉴别唯一专著《品茶要录》

《品茶要录》是北宋黄儒撰写的茶学专著，成书于熙宁八年（1075年），是研究宋代茶史的重要文献。全书共十篇，主要讨论了茶叶采摘、制作过程中容易出现的弊病及其对茶叶品质的影响。书的前后各有总论一篇，主要阐述茶采制烹试的各种方法，品评它们的高低得失，讲述得十分详细。

黄儒，福建建安(今福建建瓯)人。进士及第，宋代文学家。著有《品茶要录》一书。

全书内容分为：总论、采造过时、白合盗叶、入杂、蒸不熟、过熟、焦釜、压黄、渍膏、伤焙、辨壑源沙溪、后论几个部分。

书中详细探讨了茶叶品质优劣的影响因素。

其一，采摘方面。采茶不及时或茶叶采摘时间不当，如惊蛰前后或日出前后采摘的茶品质较差。采摘时混入白合（鳞苞）和盗叶（鱼叶），会导致茶叶品质下降。

其二，制造方面。在茶叶中掺入其他树叶，会破坏茶叶的口感和香气。蒸制时过熟或不熟都会影响品质。过熟会使茶叶颜色发黄、粟纹变大，不熟则颜色发青、有桃味。蒸制时间过长会导致水干，产生焦釜味，使茶叶颜色昏红、气味焦臭。蒸制后未及时处理，导致茶叶陈旧，颜色不鲜明。榨干不彻底，茶叶会带苦味。烘焙时使用烟焰过多，会使茶叶颜色昏红、气味带焦。

其三，地域差异。书中提到，壑源和沙溪两地相隔不远，但茶叶品质差异很大。壑源的茶叶品质优良，肉理厚实，颜色紫润，香气浓郁，滋味醇厚；而沙溪的茶叶肉理薄，颜色发黄，香气淡薄，滋味短促。由于壑源茶叶价格高，一些商人会将沙溪茶叶掺入壑源茶叶中出售，以获取更高利润。

这些论述反映了古代对茶叶品质的精细研究，以及对制茶工艺和产地差异的深刻理解。

后论里说到建安的茶叶，其大意是：建安（今福建建瓯）所产的茶叶遍布天下，但能得到建安精品茶叶的人却很少。即使有人得到了建安茶叶，也未必能够辨别其优劣；即使能够辨别，又可能不善于烹煮和品鉴；即使善于烹煮和品鉴，也可能因为时间不当而无法充分领略其美味。更何况那些人得到的并非建安精品呢！黄儒还指出，从来不存在主人贤明而宾客愚钝的情况。只有真正明白了这些道理，才能真正了解茶叶的精髓。

这段论述反映了建安茶叶在当时虽然广为人知，但精品茶叶的辨别和品鉴却需要深厚的知识和经验。同时，也揭示了当时市场上茶叶质量参差不齐，甚至存在掺假的现象。

作为北宋茶品鉴别的唯一专著，《品茶要录》对了解宋代茶文化的发展和演变具有重要意义。它不仅为后世提供了宝贵的茶叶品鉴经验，还为研究宋代茶产业的发展、茶艺的精湛以及茶文化的繁荣提供了重要的历史资料。

· 皇帝御写的茶书《大观茶论》

《大观茶论》是北宋皇帝宋徽宗赵佶所著的茶学专著，原名为《茶论》，因成书于大观年间，《说郛》刻本收录改称《大观茶论》。全书共20篇，内容涵盖了茶叶的产地、采摘、制作、品鉴、茶具、烹试、斗茶风尚等多个方面。

赵佶，宋朝第八位皇帝，是一位多才多艺的艺术家，擅长书法、绘画、诗词和音乐。他对茶道有着浓厚的兴趣，推动了宋代茶文化的繁荣。其撰写的《大观茶论》，把古代茶学著作推到一个高峰，把饮茶的真谛和意境发展为生活艺术。

《大观茶论》自序说："本朝之兴，岁修建溪之贡，龙团凤饼，名冠天下。"其中说到白茶是茶中之精品，"白茶自为一种，与常茶不同"，"如玉之在璞，它无与伦也"。皇帝提倡，群臣自然奉和，于是一时白茶盛行。需要注意的是，《大观茶论》中提到的白茶并非现代六大茶类中的白茶，而是属于蒸青绿茶的一种，是白叶茶的变异品种。全篇对当时蒸青团茶的地点、采制、烹试、品质等的进行讨论，以咏物起兴，写作中蕴含哲理。

其中“点茶”一篇，将点茶的七个环节写得生动而有趣味。

《大观茶论》对点茶的描述：

点茶不一，而调膏继刻，以汤注之，手重筅轻，无粟文蟹眼者，谓之静面点。盖击拂无力，茶不发立，水乳未浃，又复增汤，色泽不尽，英华沦散，茶无立作矣。有随汤击拂，手筅俱重，立文泛泛，谓之一发点。盖用汤已故，指腕不圆，粥面未凝，茶力已尽，云雾虽泛，水脚易生。妙于此者，量茶受汤，调如融胶，环注盏畔，勿使侵茶。

势不欲猛，先须搅动茶膏，渐加击拂，手轻筅重，指绕腕旋，上下透彻，如酵蘖之起面，疏星皎月，灿然而生，则茶之根本立矣。

第二汤，自茶面注之，周回一线，急注急上，茶面不动，击拂既力，色泽渐开，珠玑磊落。

三汤，多置如前击拂，渐贵轻匀，周环旋复，表里洞彻，粟文蟹眼，泛结杂起，茶之色十已得其六七。

四汤，尚啬，筅欲转稍宽而勿速，其清真华彩既已焕发，云雾渐生。

五汤，乃可少纵，筅欲轻匀而透达，如发立未尽，则击以作之。发立已过，则拂以敛之。结浚靄，结凝雪，茶色尽矣。

六汤，以观立作，乳点勃结，则以筅著居缓绕拂动而已。

七汤，以分轻清重浊，相稀稠得中，可欲则止。乳雾汹涌，溢盏而起，周回旋而不动，谓之咬盏，宜匀其轻清浮合者饮之。

宋朝的点茶和斗茶，虽然沿袭了唐代茶饼研末的传统，喝的仍然是末茶，但与唐代的烹茶方式有所不同，关键在于击拂拉花。宋徽宗所讲的“碎玉锵金，啜英咀华”这八个字，非常清楚地体现了唐宋饮茶风尚的转变：从陆羽的煎茶到北宋的点茶，出现了对击拂拉花的追求。击拂出来的沫饽（茶汤表面的泡沫）要像白蜡一样（所谓“蜡面”），能够凝聚成“固态”，且历久不散，这才是拉花的最高境界。如此精心泡制出来的“英华”，不仅可供啜饮，也值得细细咀嚼。

既然茶被视为“百草英华”，那么点茶所营造的沫饽就是草木精华的凝聚。喝茶本身是一种物质性的行为，属于形而下的范畴。然而，审美联想是一种形而上的追求，这种追求极致审美的方向，正是宋人点茶时要求击拂出细腻沫饽，并且精益求精的潜在原因。

在元代陶宗仪编纂的《说郛》中记载：“遂御西阁，亲手调茶，分赐左右。”这句话描述了宋徽宗放下皇帝之尊，亲手调制茶汤，并将调好的茶汤分赐给左右侍从的情景。这不仅表明宋徽宗对茶有着极高的热情，也体现了他亲近臣子的态度。

宋徽宗在《大观茶论》序中特别指出，无论是官宦士大夫，还是平民百姓，都沐浴着朝廷的恩泽，受到道德教化的熏陶，盛行高雅的生活风尚，竞相从事品茗斗茶之事。且当时，茶叶的采摘和挑选之精心，制作之工巧，讲究茶叶品级之优秀，烹点品饮技巧之高妙，无不达到登峰造极的地步。

《大观茶论》是我国历史上唯一一部由皇帝御写的茶书，更是宋代茶文化的珍贵资料，为后人研究宋代茶文化提供了重要的历史依据。

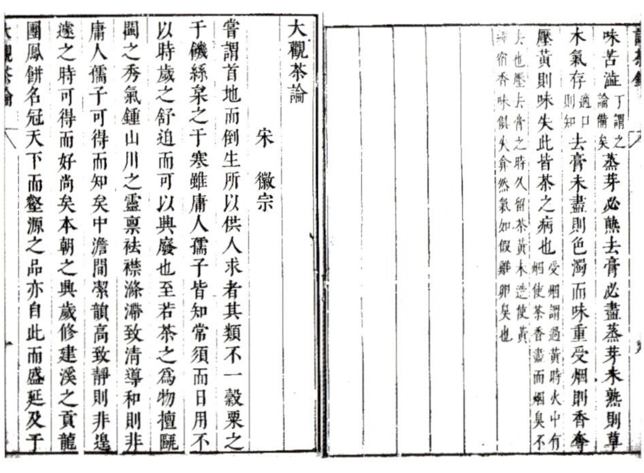
味苦澀丁謂之論備矣蒸芽必熟去膏必盡蒸芽未熟則草木氣存適口則知去膏未盡則色濁而味重受烟則香奪壓黃則味失此皆茶之病也受烟謂過黃時火中有烟使茶香盡而烟臭不去也壓黃謂去膏之時久留茶黃未造使黃經宿香味俱失弇然氣如假雞卵臭也

大觀茶論

宋 徽宗

嘗謂首地而倒生所以供人求者其類不一穀粟之于飢絲枲之于寒雖庸人孺子皆知常須而日用不以時歲之舒迫而可以興廢也至若茶之為物擅甌閩之秀氣鍾山川之靈禀祛襟滌滯致清導和則非庸人孺子可得而知矣中澹閒潔韻高致靜則非遑遽之時可得而好尚矣本朝之興歲修建溪之貢龍團鳳餅名冠天下而壑源之品亦自此而盛延及于

《说郛·大观茶论》委宛山堂刻本
哈佛燕京图书馆藏

· 图文并茂的《宣和北苑贡茶录》

《宣和北苑贡茶录》是宋代熊蕃所著的一部关于北苑贡茶的重要著作，不仅记录了北苑贡茶的历史和制作工艺，还反映了宋代茶文化的繁荣与发展。

熊蕃，字叔茂，号独善，北宋建州（今福建建阳）人，唐朝御史大夫熊博的后裔，是北宋时期的学者和茶学专家。后遁入武夷山，建独善堂，隐居于世，世人称“独善先生”。

熊蕃一生嗜茶，熟知茶事，尤擅制茶，他在建安担任茶官期间，潜心研究贡茶的采制及其沿革。宣和年间，北苑贡茶极盛时，熊蕃写下《宣和北苑贡茶录》。

《宣和北苑贡茶录》记载贡茶：“右岁分十余纲，惟白茶与胜雪，自惊蛰前兴役，浃日乃成，飞骑疾驰，不出中春，已至京师，号为头纲。玉芽以下，即先后以次发。逮贡足时，夏过半矣。欧阳文忠公诗曰：建安三千五百里，京师三月尝新茶。”

宋代建州贡茶由福建路转运使负责。宋太宗至道年间丁谓任福建路转运使，督造贡茶，精致严谨，推出了大龙团、大凤团、石乳、白乳等产品，而腊茶遂为次之。宋仁宗庆历年间蔡襄任福建转运使，监造和创制了小龙团以进贡，二十饼才一斤。自小龙团出现，而龙凤遂为次之。宋仁宗评价蔡襄督造的北苑贡茶“所进上品龙茶，最为精好”。从大团茶到小团茶的演变，不仅仅是尺寸的变化，更是北苑贡茶实现茶益精、品益新的一次飞跃。宋神宗元丰年间贾青任福建转运使，取小团之精华，造出“密云龙”茶。《宣和北苑贡茶录》记载：“元丰间，有旨造密云龙，其品又加于小团之上。”到宋徽宗当政期间，为迎合徽宗皇帝，任福建转运使的郑可闻对北苑贡茶进行了不断创新，北苑创制出了40余种极品贡茶，其中“龙园胜雪”最为奢侈。其制作工艺和材料要求极高，要从蒸熟的水芽中再进行剔拣，只保留中间的一缕芽芯，用御泉清水浸渍，制成之后细如银线一样且闪烁发光。

从“茶录”里可以了解当时各种贡茶沿革和造型，感受贡茶工艺的特点。但熊蕃撰写的《宣和北苑贡茶录》最初并未附图，生前也未刻印。直到南宋绍兴二十八年（1158年），熊克在担任北苑相关职务时，继承父亲的遗志，对《宣和北苑贡茶录》进行了增补，并摹写绘图。他绘制了38幅贡茶图，详细描绘了贡茶的模型、尺寸和纹饰，并加注了千余字的说明。这些图的绘制，使得后人能够更直观地了解宋代北苑贡茶的形制和特点。

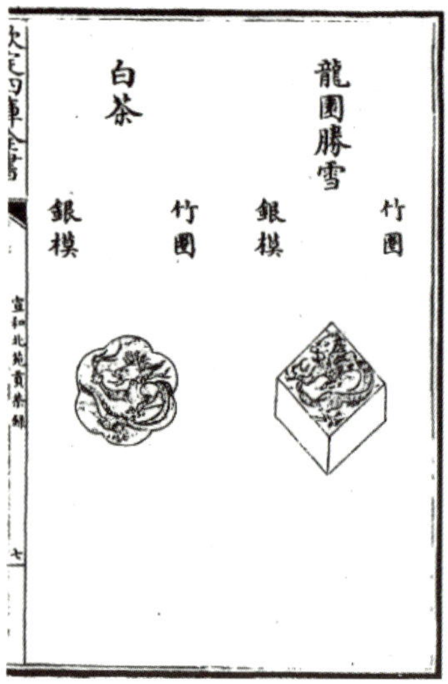

《宣和北苑贡茶录》贡茶模型图影印资料

· 最早的茶具图谱《茶具图赞》

说到茶具，宋代审安老人撰写了一部《茶具图赞》，这是我国现存最早的茶具图谱。

作者将茶具拟人化，为其冠以姓名、字号和宋代职官名号，形象生动地反映出宋代社会对茶具的钟爱和对茶具功用、特点的评价。书中绘制了十二种茶具，包括韦鸿胪（茶笼）、木待制（槌、杵、臼）、金法曹（茶碾）、石转运（茶磨）、胡员外（瓢或水杓）、罗枢密（罗合）、宗从事（茶帚）、漆雕秘阁（茶托）、陶宝文（茶盏）、汤提点（汤瓶）、竺副帅（茶筅）、司职方（茶巾）。

《茶具图赞》中对茶磨的介绍："石转运，名凿齿，字遄行，号香屋隐君。"因为茶磨多为石制，以石为姓很贴切，磨上凿齿，倘若用得多了，磨齿受损，须重新凿齿。因研磨饼茶的速度很快，故字遄行。研磨饼茶时茶香四溢，但茶粉在上下磨盘之间，从表面看不到，故号香屋隐君。宋代各路设转运使，主管本路财赋、漕运钱谷等事，茶磨轮转不停，恰合转运之义。

韦鸿胪指的是炙茶用的茶笼，是烘具兼贮具。姓韦，表示它是由竹子编成的，与成语"韦编三绝"中的"韦"相近。官名"鸿胪"音近"烘炉"。秦汉时，鸿胪主掌接待宾客之事，隋以后渐变为礼仪之官。

木待制指的是碎茶用的槌、杵、臼。姓木，表示它是木制的。官名"待制"，是指等待诏命之官员。

金法曹指的是碎茶用的茶碾。姓金，表示它以金属制成。官名"法曹"，是指古代郡县主职司法的属官。

胡员外指的是取水用的瓢或水杓。姓胡，与"葫"同音，表明是用葫芦制成的。官名"员外"，即员外郎，唐六部下设各司副职。

罗枢密指的是筛茶用的罗合。姓罗，因其筛网是用罗绢质地的材料做的。官名"枢密"，在宋代枢密院和中书省号称"二府"，负责军国要政。

宗从事指的是洁具茶帚。与"棕"同音，因为它是用棕丝制作的。官名"从事"，指汉代刺史的佐官，在宋代已被废除。

漆雕秘阁指的是承接茶盏的茶托。复姓漆雕，是因其材质是漆雕。"秘阁"是官署名，为藏经史图书和历代御制典籍之地。宋代也有"直秘阁"官职。

陶宝文指的是饮茶用的茶盏。姓陶，是因盏的材质是陶瓷。官名"宝文"，即宝文阁相关的官职，“文”与“纹”同音，暗示它有纹饰。

汤提点指的是烹茶、注汤用的汤瓶。姓汤，表示它与热水相关。官名“提点”，表示它的点茶功能。宋代设各路提点刑狱公事，掌司法、刑狱、冶炼等事。

竺副帅指的是调拂茶汤用的茶筅。姓竺，表示它是竹制的。官名“副帅”，点明它是为汤提点服务的。

司职方指的是洁具茶巾。“司”与“丝”同音，表示它是丝织的。官名“职方”，暗示它是方形的。隋初有职方侍郎，唐宋兵部下有职方司，掌舆图、镇戍、征讨等事。

《茶具图赞》有图有赞，作者为每一件茶具都绘制了图谱，并写了一段赞语，作者将茶具拟人化，赋予无生命的物以丰沛的生命力，让平凡的生活多了一点趣味。

陆羽在《茶经》中把饮茶器具称为“茶器”，而将采制茶叶用的器具称为“茶具”，这种称呼一直沿袭到北宋。到了南宋，审安老人撰写《茶具图赞》时才将饮茶器具改称为“茶具”，标志着“茶具”一词正式用于饮茶器具，沿用至今。

石轉運

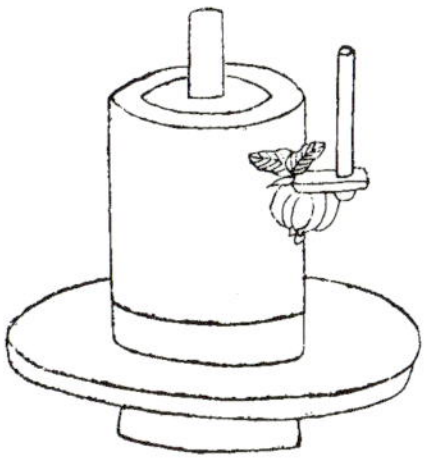

韋鴻臚

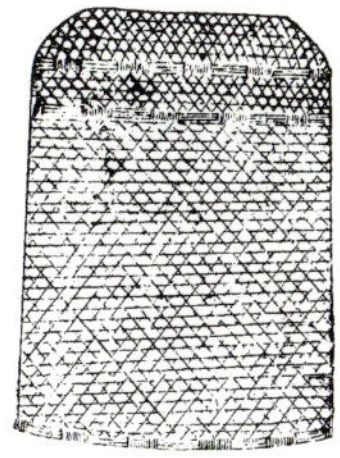

木待制

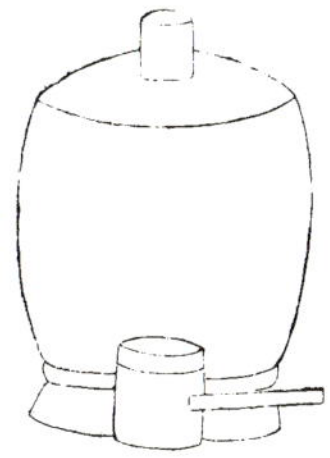

金法曹

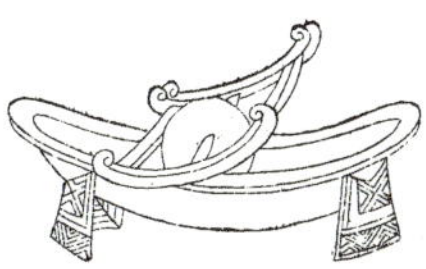

胡員外

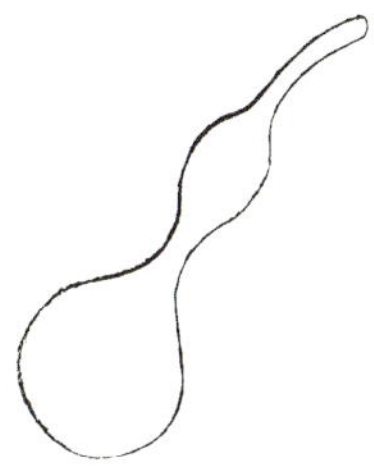

羅樞密

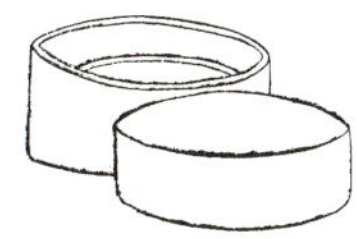

宗從事

漆雕秘閣

陶寶文

湯提點

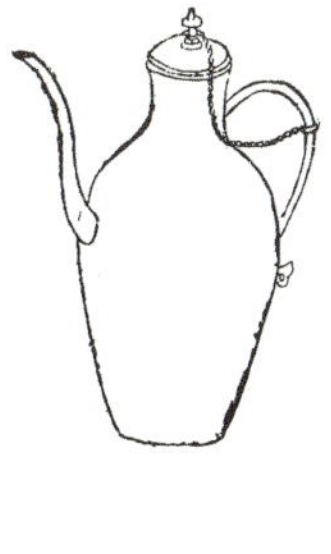

竺副帥

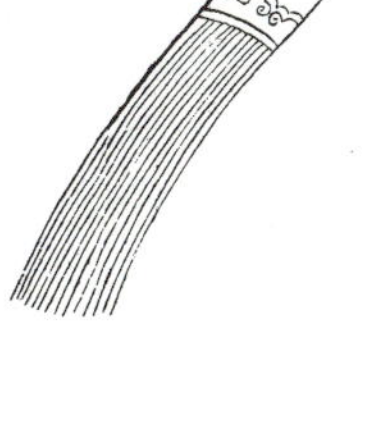

司職方

（三） 风雅卓绝的文人茶思

宋代茶叶生产空前发展，茗饮之风更胜往昔。雅好品茗论茶的文人士大夫更是不惜笔墨，用诗词书画记录着各种茶事活动，抒写他们对茶的热爱。许多文人均有佳作传世，如欧阳修、苏东坡、赵令畤、黄庭坚、米芾、范仲淹、朱熹、李清照、陆游等，使茶文化更具魅力。文人嗜茶乃宋代风尚，以茶入诗又是宋代诗人的嗜好。

· 挚爱“双井”欧阳修

欧阳修是位嗜茶之人。他在《归田录》中将茶分为两类：一类是片茶，即团饼茶；另一类是草茶，指散茶。他提到“腊茶出于剑、建，草茶盛于两浙。两浙之品，日注为第一。自景佑已后，洪州双井白芽渐盛，近岁制作尤精，囊以红纱，不过一二两，以常茶十数斤养之，用辟暑湿之气。其品远出日注上，遂为草茶第一。”

欧阳修，字永叔，号醉翁，晚年号六一居士，吉州庐陵永丰（今江西永丰）人，世称欧阳文忠公。北宋著名政治家、文学家、史学家。

欧阳修对洪州双井茶情有独钟，认为它是宋代“草茶第一”，并写有《双井茶》诗，使双井茶声名远扬。梅尧臣曾经写诗云：“始于欧阳永叔席，乃识双井绝品茶。”

西江水清江石老，石上生茶如凤爪。
穷腊不寒春气早，双井芽生先百草。
白毛囊以红碧纱，十斤茶养一两芽。
长安富贵五侯家，一啜尤须三日夸。
宝云日注非不精，争新弃旧世人情。
岂知君子有常德，至宝不随时变易。
君不见建溪龙凤团，不改旧时香味色。

——欧阳修《双井茶》

欧阳修在《尝新茶呈圣俞》诗中提到：“泉甘器洁天色好，坐中拣择客亦嘉。”他认为品尝新茶需要好的泉水、清洁的茶具、好的天气和好的宾客，才能达到“由来真物有真赏”的境界。

梅尧臣称赞欧阳修品茶水平高：“欧阳翰林最别识，品第高下无欹斜”。

欧阳修在《次韵再作》中写道：“吾年向老世味薄，所好未衰惟饮茶。”“亲烹屡酌不知厌，自谓此乐真无涯。”他在被贬到夷陵（今湖北宜昌）时，在《夷陵县至喜堂记》中提到：“夷陵风俗朴野，少盗争，而令之日食有稻与鱼，又有橘柚茶笋四时之味，江山美秀，而邑居缮完，无不可爱。”在《欧阳文忠公集》中还记载：“余尝守扬州，岁贡新茶。”这些记载足以看出茶在欧阳修生活中扮演着重要角色，体现了他不同时期、不同处境的身心状况与精神面貌。

· 茶意生活苏东坡

北宋文坛，与茶结缘者不可悉数，然没有一位像苏东坡这样于品茶、煎茶、磨茶、种茶均在行，对茶史、茶功有研究，又能写出绝佳茶诗的人物。

苏轼，字子瞻，又字和仲，号东坡居士，眉山(今属四川)人。北宋著名的文学家、书画家，唐宋八大家之一，与黄庭坚、米芾、蔡襄，并称“宋四家”。

苏东坡以横溢的才华名扬四海，他的茶诗、茶词佳作频出，茶赋文也深入人心。

在杭州任地方官时，他写下《游诸佛舍，一日饮酽茶七盏，戏书勤师壁》诗:“示病维摩元不病，在家灵运已忘家。何须魏帝一丸药，且尽卢仝七碗茶。”36岁时，他为朝云写下《月兔茶》:“环非环，玦非玦，中有迷离玉兔儿，一似佳人裙上月。月圆还缺缺还圆，此月一缺圆何年?君不见，斗茶公子不忍斗小团，上有双衔绶带双飞鸾。”这首诗是苏轼唯一一首以茶比人送给情人的诗。

其对烹茶也十分讲究，他也认为好茶必须配好水。《汲江煎茶》诗中云:“活水仍须活火烹，自临钓石取深清。大瓢贮月归春瓮，小杓分江入夜瓶。雪乳已翻煎处脚，松风忽作泻时声。枯肠未易禁三碗，坐数荒村长短更。”生动地描述了煎茶和饮茶的过程。

他还在《试院煎茶》诗中，对烹茶用水的温度作了形象的描述。他说:“蟹眼已过鱼眼生，飕飕欲作松风鸣。”以沸水的气泡形态和声音来判断水的沸腾程度。

苏东坡一生，到过许多地方，每到一处，凡有名茶佳泉，他都留下诗词。如《浣溪沙·簌簌衣巾落枣花》一词:“酒困路长惟欲睡，日高人渴谩思茶，敲门试问野人家。”形象地再现了他思茶解渴敲门讨茶喝的神情。

他贬谪黄州期间，经济拮据，生活困顿。他的患难挚友马正卿替他向官府要来一块荒地，他亲自耕种，以地上收获稍济“因匮乏食”之急。在这块取名“东坡”的荒地上，他特地种了茶树。《问大冶长老乞桃花茶栽东坡》这首诗就记叙了此事:“周诗记苦荼，茗饮出近世。初缘厌粱肉，假此雪昏滞。嗟我五亩园，桑麦苦蒙翳。不令寸地闲，更乞茶子艺。饥寒未知免，已作太饱计。庶将通有无，农末不相戾。”

他在《种茶》诗中这样写道：“松间旅生茶，已与松俱瘦。”“移栽白鹤岭，土软春雨后。弥旬得连阴，似许晚遂茂。”大意是说，茶种在松树间，生长瘦小但不易衰老；移植于土壤肥沃的白鹤岭，连日春雨滋润，便恢复生长，枝繁叶茂。可见诗人于躬耕之时，已深谙茶树习性。

苏东坡的书法作品中，关于茶的内容亦不少，苏轼曾给朋友杜道源写过一张茶帖，邀请他来一起喝茶。《啜茶帖》又名《致道源帖》，内容为“道源无事，只今可能枉顾啜茶否？有少事须至面白，孟坚必已好安也。轼上，恕草草”。

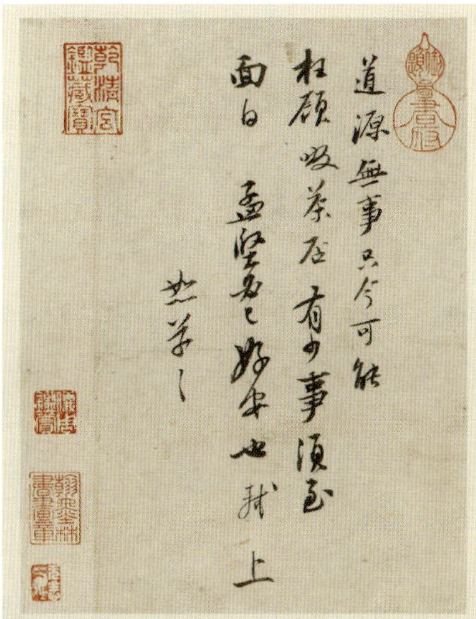

宋　苏轼《啜茶帖》
台北故宫博物院藏

· 有礼有节赵令畤

元祐六年（1091年）苏轼任颍州（今安徽阜阳）知州，与承议郎签书颍州节度判官厅公事的赵令畤相识。赵令畤是一个才华横溢之人，早年就以才俊而闻名。苏轼欣赏其才干，还向朝廷举荐过他。

赵令畤，宋太祖次子燕王德昭之后。初字景贶，苏轼为之改字“德麟”，自号聊复翁。在文学方面，赵令畤以诗词见长，与苏东坡、黄庭坚等人交往甚密。

《赐茶帖》是赵令畤写给仲仪兵曹的一封信札，这封信体现了宋代文人之间的礼仪、谦逊的态度和情感交流的方式。信中对友人赠送礼物（梨、栗子）表示了感谢，并表明将自己最近收到的皇帝赐的茶回赠给友人的父母，既展示了对仲仪兵曹宣教的尊重，也体现了礼尚往来的传统美德。同时，信中提到的“恩赐茶”也反映了宋代茶文化的重要地位，茶不仅是饮品，更是身份和荣誉的象征。

这个作品也是赵令畤书法艺术的代表作，同时是研究宋朝赐茶文化的重要实物资料。

《赐茶帖》内容为:“令畤顿首。辱惠翰，伏承久雨起居佳胜。蒙饷梨栗，愧荷。比拜上恩赐茶，分一饼可奉尊堂。馀冀为时自爱。不宣。令畤顿首。仲仪兵曹宣教。八月廿七日。”

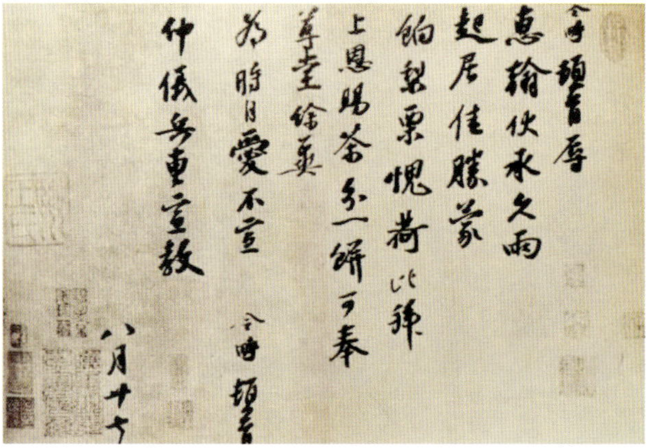

宋　赵令畤《赐茶帖》
台北故宫博物院藏

·“以茶为媒”的黄庭坚

黄庭坚一生嗜茶，不仅以茶会友，更以茶入诗，将茶文化融入其文学创作中，展现了茶与文人生活的紧密联系。

黄庭坚，字鲁直，号山谷道人，又号涪翁，洪州分宁（今江西修水县）人。北宋著名文学家、书法家、江西诗派开山之祖。与张耒、晁补之、秦观都游学于苏轼门下，合称为“苏门四学士”。

黄庭坚的家乡在洪州分宁，此地正是宋代贡茶——双井茶的产地。他对茶有着特殊的情感。苏轼从黄州奉召回京任翰林学士，黄庭坚心情振奋，二人已十年未见。久别重逢，一同烹茶对饮畅谈，他在《双井茶送子瞻》中写道：“人间风日不到处，天上玉堂森宝书。想见东坡旧居士，挥毫百斛泻明珠。我家江南摘云腴，落硙霏霏雪不如。为公唤起黄州梦，独载扁舟向五湖。”此诗是黄庭坚赠茶给苏轼时所作。他将家乡的双井茶送给苏轼，希望唤起苏轼在黄州的旧梦，同时也表达了自己对自由生活的向往。诗中“摘云腴”形容茶叶的珍贵，展现了茶作为礼物的特殊意义。此诗既体现了黄庭坚对友情的珍视，也流露出对故土的眷恋。

黄庭坚的行书诗帖《奉同公择尚书咏茶碾煎啜三首》，是表达对舅舅李公择的怀念之情所作。

三首分别写的是：

碾茶：要及新香碾一杯，不应传宝到云来。碎身粉骨方余味，莫厌声喧万壑雷。

煎茶：风炉小鼎不须催，鱼眼常随蟹眼来。深注寒泉收第二，亦防枵腹爆乾雷。

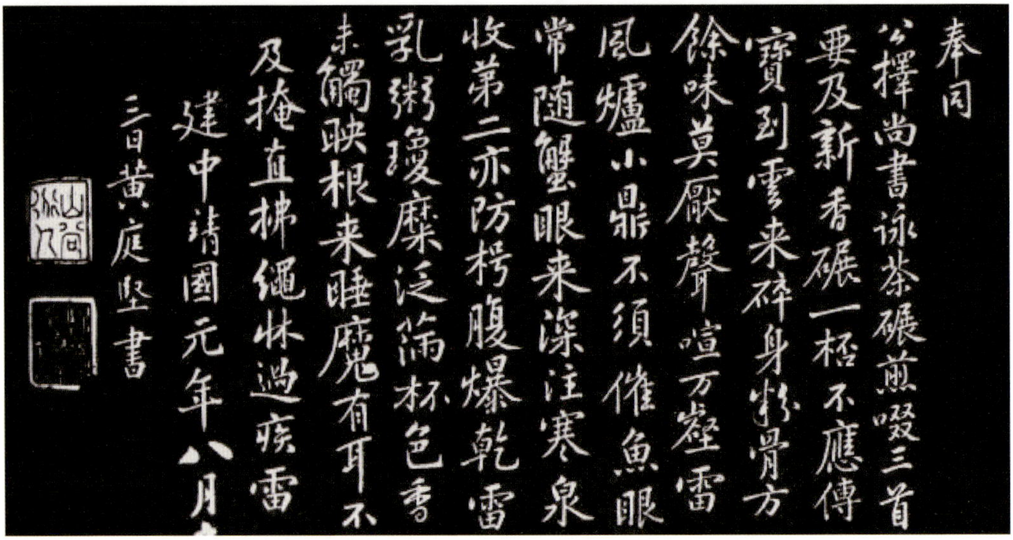

北宋　黄庭坚
《奉同公择尚书咏茶碾煎啜三首》拓本

饮茶：乳粥琼糜泛满杯，色香未触映根来。睡魔有耳不及掩，直拂绳床过疾雷。

诗人想起舅舅对自己的关心和爱护，想起舅舅对自己的教诲、指导与提携，还想起了与舅舅诗词唱和、饮酒品茗畅谈的美好岁月，因此有感而书写此诗帖作为纪念。

黄庭坚通过茶表达对生活的感悟和对情感的寄托，写过一首借茶写情的绝妙之作，名为《阮郎归·效福唐独木桥体作茶词》。此词以烹茶为意象，贯穿女子对爱人的思念，时间错综，情境往复，表现女子的神情恍惚、心境迷离，是借茶写情的绝妙之作。

而《品令·茶词》是宋代咏茶名篇，描述品茶之妙，极具茶味之韵。从茶饼的精美到备茶的精细和煎水待茶的迫切渴望，将品茶的滋味勾勒得鲜明而美妙。从品茶滋味，到恋乡难归，从沉醉茶汤、惬意之极，到比喻故人远归相聚灯下的岁月情怀，展现了品茶的意境。

凤舞团团饼。恨分破，教孤令。金渠体静，只轮慢碾，玉尘光莹。汤响松风，早减了，二分酒病。味浓香永。醉乡路，成佳境。恰如灯下，故人万里，归来对影。口不能言，心下快活自省。

——黄庭坚《品令·茶词》

黄庭坚的茶诗词不仅反映了他对茶的喜爱，更通过茶这一媒介，展现了他对友情、对家乡的深厚情感，以及对生活的热爱和感悟。他以茶会友，以茶入诗，将茶文化融入文学创作中，为后世留下了宝贵的文化遗产。茶在黄庭坚的笔下，不仅是饮品，更是情感的载体和生活的象征。

· 米芾诗书咏茶俗

米芾对茶有着深厚的情感，他在诗词和书法作品中多次提及茶事，展现了他对茶的热爱和对茶文化的独特理解。

米芾，初名黻，后改芾，字元章，号襄阳漫士，又号鹿门居士等，与苏轼、黄庭坚、蔡襄并称为“宋四家”。

米芾在《满庭芳·与周熟仁试赐茶甘露寺》中详细描绘了一场精致高雅的宋代雅集茶宴。对煮茶的过程描写得非常细致，从选水的“二品香泉”到烹茶时“轻涛起，香生玉麈，雪溅紫瓯圆”，体现了他对茶的热爱和对细节的关注。词中不仅写出了茶的美妙，还描绘了雅集中的氛围，侍女的娇美、座客的流连，展现了高雅的文化氛围，表达了对美好生活的追求。

雅燕飞觞，清谈挥麈，使君高会群贤。密云双凤，初破缕金团。窗外炉烟自动，开瓶试、二品香泉。轻涛起，香生玉麈，雪溅紫瓯圆。娇鬟宜美盼，双擎翠袖，稳步红莲。坐中客翻愁，酒醒歌阑。点上纱笼画烛，花骢弄、月影当轩。频相顾，馀欢未尽，欲去且留连。

——米芾《满庭芳·与周熟仁试赐茶甘露寺》

在《苕溪诗卷》中，米芾记录了与朋友在自然中煮茶论诗的惬意生活。诗中描绘了在群山怀抱中、修竹下、山花旁煮茶品茗的场景，体现了他追求与自然合一的境界。米芾提到“点尽壑源茶”，表明他对茶的品质有很高的要求，同时也反映了茶在文人生活中的重要地位。这种与自然融为一体的茶事活动，展现了米芾对生活的独特理解和追求。

米芾在《道林诗帖》中描写了寺院中的茶事，展现了茶与禅的结合。诗中描绘了寺院僧人以茶待客的场景，体现了茶在佛教文化中的重要地位。通过“探檐”一词，生动地表现了宋代茶叶贮存的特定方式，体现了米芾对茶事细节的关注。这种禅茶一味的境界，不仅反映了米芾对茶的热爱，也展现了他对禅意的深刻理解。

米芾的诗书作品不仅展现了他对茶的热爱，更是对宋代茶文化在文人生活中的重要地位和文化价值的咏叹。

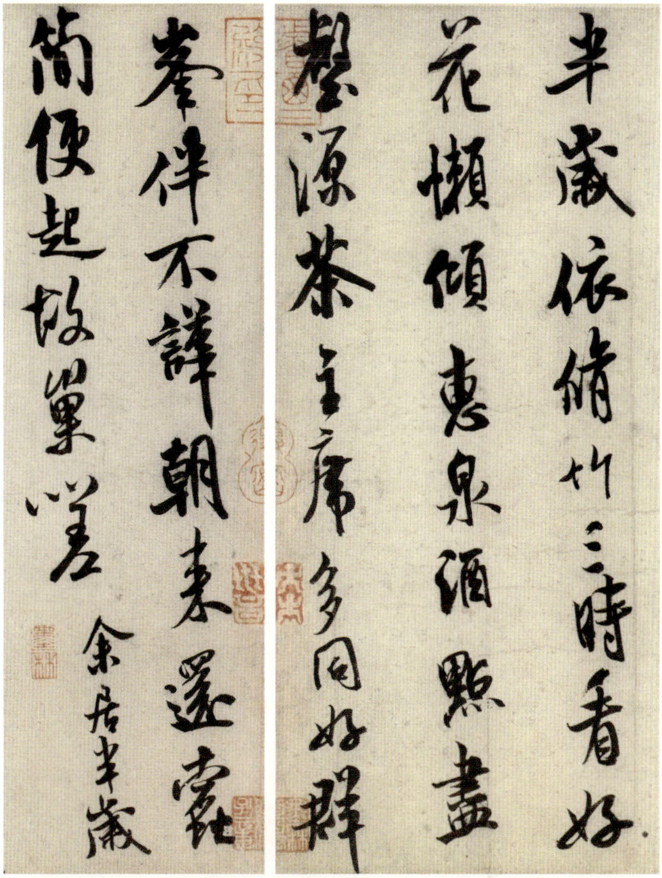

北宋　米芾《苕溪诗卷》局部
北京故宫博物院藏

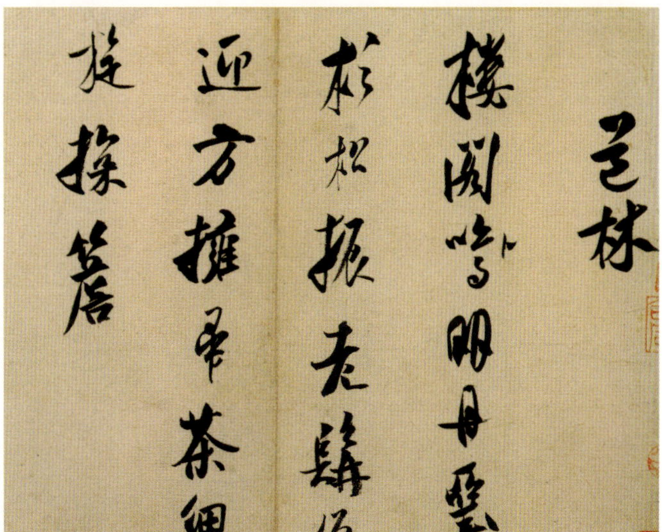

宋　米芾《道林诗帖》
北京故宫博物院藏

· 范仲淹诗中的斗茶盛况

范仲淹是北宋时期杰出的政治家和文学家，不仅在政治上有卓越的成就，还在文学领域留下了诸多经典作品。其中《和章岷从事斗茶歌》这首诗描绘了文人雅士的品茗方式，展现了宋代文士茗饮活动的独特魅力。

这首诗详细介绍了斗茶的各个环节，包括择时采茶、以金玉茶器精制、用水的考究、煎茶时泛起的汤沫颜色和香气，以及茶的功效。从诗中可以看出，宋代的武夷茶已是茶中极品，常被用作斗茶的茶品。范仲淹通过生动的描写，展现了武夷山斗茶的盛况。“年年春自东南来，建溪先暖冰微开。溪边奇茗冠天下，武夷仙人从古栽。”这些句子不仅描绘了武夷茶的产地之美，还强调了其卓越的品质。

这首诗不仅展现了宋代斗茶的盛况，还反映了茶文化对当时社会的深远影响。范仲淹提到，茶的流行甚至影响了长安的酒价和成都的药市，有“长安酒价减千万，成都药市无光辉”之说，这表明茶在当时已经深入人心，成为人们生活中不可或缺的一部分。范仲淹通过这首诗，不仅表达了对茶的喜爱，还展现了茶在宋代社会中的重要地位和文化价值。

年年春自东南来，建溪先暖冰微开。
溪边奇茗冠天下，武夷仙人从古栽。
新雷昨夜发何处，家家嬉笑穿云去。
露芽错落一番荣，缀玉含珠散嘉树。
终朝采掇未盈襜，唯求精粹不敢贪。
研膏焙乳有雅制，方中圭兮圆中蟾。
北苑将期献天子，林下雄豪先斗美。
鼎磨云外首山铜，瓶携江上中泠水。
黄金碾畔绿尘飞，紫玉瓯心雪涛起。
斗余味兮轻醍醐，斗余香兮薄兰芷。
其间品第胡能欺，十目视而十手指。

胜若登仙不可攀，输同降将无穷耻。
于嗟天产石上英，论功不愧阶前蓂。
众人之浊我可清，千日之醉我可醒。
屈原试与招魂魄，刘伶却得闻雷霆。
卢仝敢不歌，陆羽须作经。
森然万象中，焉知无茶星。
商山丈人休茹芝，首阳先生休采薇。
长安酒价减千万，成都药市无光辉。
不如仙山一啜好，冷然便欲乘风飞。
君莫羡，花间女郎只斗草，赢得珠玑满斗归。

——范仲淹《和章岷从事斗茶歌》

这首茶诗被后人与卢仝的《七碗茶歌》相提并论，被誉为中国茶文化史上的双璧。范仲淹以其优美生动的语言和丰富的典故，将宋代那遥远而富有浓郁生活气息的斗茶盛况描绘得淋漓尽致，成为茶文化中的经典之作。

· 朱熹开创以茶喻理

朱熹把茶视为中和清明的象征，以茶修德，以茶明伦，以茶寓道，以茶穷理，以茶交友；不重虚华，崇尚俭朴，赋予茶更加广博鲜明的文化特征。

朱熹，字元晦，一字仲晦，号晦庵，晚称晦翁，别号紫阳先生。南宋时期理学家、哲学家、思想家、政治家、教育家、诗人。

在《朱文公文集》中记载，朱熹年少时曾戒酒，以茶修德，认为用茶可以明伦理，表谦虚。朱熹早年崇佛，常与五夫开善寺住持肯庵圆悟大师一起品茶论禅，体验茶禅一味，建立了深厚感情，成为忘年之交。朱熹后来又以茶劝学，寓求学之道。他在《朱子语类·杂类》中说：“物之甘者，吃过必酸；苦者吃过却甘。茶本苦物，吃过却甘”“如始于忧勤，终于逸乐，理而后和。盖理本天下之至严，行之各得其分，则至和。”

在今福建建阳云谷山，朱熹曾修建了“晦庵草堂”，并在北岭西向的山坡亲自建茶园，取名“茶坂”，并创作茶诗《茶坂》。“坂”就是山坡的意思，“茶坂”也就是茶山之坡，即是“茶园”之意。诗中描述了他采茶、制茶，夜晚饮茶静坐的生活习惯。

携籯北岭西，
采撷供茗饮。
一啜夜窗寒，
跏趺谢衾枕。
——朱熹
《茶坂》

后来，他又在武夷山下兴建武夷精舍，这是他授徒讲学的地方，其周围也有茶圃。在武夷精舍前的溪水中，有一奇石，石上有臼似灶，朱熹常邀友在此煮茶论理，并以此赋诗，作了一首《茶灶》。写尽品茗之惬意，意境美得让人陶醉。

仙翁遗石灶，
宛在水中央。
饮罢方舟去，
茶烟袅细香。
——朱熹
《茶灶》

他很喜欢武夷茶，曾经作诗赞赏武夷茶。他回婺源祭祖，还特意带回十余株武夷山茶苗，种植在祖居庭院内。

武夷高处是蓬莱，
采得灵根手自栽。
地僻芳菲镇长在，
谷寒蜂蝶未全来。
红裳似欲留人醉，
锦障何妨为客开。
饮罢醒心何处所，
近山重叠翠成堆。

——朱熹

《春谷》

《劝农文》是朱熹担任地方官期间撰写的一系列文告，主要目的是劝导农民重视农业生产，不误农时，勤劳耕种。文章不仅提出了农业生产的重要性，还给出了具体的操作方法，具有很强的实用性，对提高农业生产效率和保障农民生活有着重要意义。其中详细介绍了茶叶种植的重要性，并鼓励农民种植茶叶。他指出茶叶种植不仅可以增加茶农收入，还能促进地方经济、文化的发展。

他对茶情有独钟，深得茶道要旨。他推广茶叶种植，不仅亲自种茶制茶、煮茶宴茶、斗茶品茶、论茶咏茶，还精研茶理念提升茶的内涵。他以理学入茶，倡导以茶修心，以茶励志，以茶品味人生，独树一帜地开创了以茶喻理、以茶论道之风尚。

· 茶诗第一人陆游

陆游出生于一个书香门第，自幼受到良好的教育，文笔非凡，诗名远扬。他一生创作了大量与茶相关的诗歌，现存茶诗有三百多首，可见爱茶之甚。

陆游，字务观，号放翁，今浙江绍兴人。两宋时期著名的爱国诗人。与杨万里、范成大、尤袤并称为“南宋四大家”。

陆游曾任提举福建常平茶事，负责建安（今福建建瓯）的茶务。在任期间留下无数咏茶佳句，堪称不折不扣的“茶诗人”。他的茶诗不仅描绘了各地名茶的风味，还体现了他对茶的深厚情感。例如，《适闽》中写道：“春残犹看少城花，雪里来尝北苑茶。”《建安雪》中提到：“建溪官茶天下绝，香味欲全须小雪。”这些诗句不仅赞美了建茶的品质，还展现了他对茶的独特品位。

陆游对茶的喜爱不仅体现在他的诗作中，还融入了他的日常生活。他在《喜得建茶》中描绘了他收到珍贵建茶后的欣喜之情，以及他在竹林中煎茶、品茶的惬意场景。诗中提到的“红丝硙”是一种产自大庾岭的有红丝的石磨，用于碾碎茶叶，而“乳泛闽溪绿地杯”则形容了建茶的色泽和质地。这些细节都展现了他在茶事实践中的积极态度和对生活的热情。

玉食何由到草莱，
重奁初喜坼封开。
雪霏庾岭红丝硙，
乳泛闽溪绿地杯。
舌本常留甘尽日，
鼻端无复鼾如雷。
故应不负朋游意，
手挈风炉竹下来。

——陆游

《喜得建茶》

他对各地的茗茶都十分的熟悉，在《秋晚杂兴十二首》中提到“聊将横浦红丝硙,自作蒙山紫笋茶”，在《同何元立蔡肩吾至东丁院汲泉煮茶》中又提到“雪芽近自峨嵋得，不减红囊顾渚春”，诗中提到的蒙山紫笋、峨嵋雪芽、顾渚紫笋都是当时的名茶。

陆游爱茶、品茶、饮茶，还常以同族的“茶圣”陆羽自比，他在《八十三吟》中说“桑苧家风君勿笑，它年犹得作茶神”，又在《戏书燕儿》中说“水品茶经常在手，前身疑是竟陵翁”，这里面的“桑苎家”“茶神”“竟陵翁”就是指陆羽。

陆游晚年归隐故里，茶成了他生活的重要部分。这些诗作不仅展现了他对茶艺的熟悉和喜爱，还体现了他旷达洒脱、活在当下的生活态度。他的茶诗和茶事实践，让今天的我们能够跟随他的脚步，感受宋代茶文化的独特魅力。

· 李清照“赌书泼茶”

宋代文人墨客大多都爱茶，但在此之中兼具才气茶韵的女子李清照显得独具特色。她的词作中虽涉及饮茶的不多，但从中可以窥探到北宋、南宋过渡时期的饮茶习俗和风尚。

李清照，号易安居士，齐州章丘（今山东省济南市章丘区）人，是宋代婉约派代表词人。生于山东济南的官宦世家、书香门第。

她写过一首茶词《小重山》。描绘了她在春日清晨，一边煮茶一边追忆晨梦的情景，展现了她对生活的细腻感悟和对茶的喜爱。

春到长门春草青。
江梅些子破，未开匀。
碧云笼碾玉成尘。
留晓梦，惊破一瓯云。

花影压重门。
疏帘铺淡月，好黄昏。
二年三度负东君。
归来也，著意过今春。

——李清照《小重山》

另有词中写道：“豆蔻连梢剪熟水，莫分茶。”“枕上诗书闲处好，门前风景雨来佳。”意思是煮一壶好茶，捧一本好书，在明媚的春光里尽情享受、尽情欣赏，无忧无虑，清闲自在。这是对当时情景的真实写照，灵动的文笔让情景再现，仿佛一切就发生在眼前。

李清照与丈夫赵明诚在青州的生活充满了高雅情趣，夫妇二人常以茶为伴，进行猜书、斗茶的活动。在《金石录》后序中，赵明诚详细记述了这段生活："每饭罢，坐归来堂烹茶，指堆积书史，言某事在某书某卷第几叶第几行，以中否角胜负，为饮茶先后。中即举杯大笑，至茶倾覆怀中，反不得饮而起。"这种以茶助兴、以书为乐的生活方式，不仅丰富了他们的生活，也体现了李清照对茶文化的独特理解和热爱。清代词人纳兰性德在悼念亡妻时，也引用了"赌书泼茶"的典故，足见李清照夫妇的茶事雅趣对后世的影响。

李清照不仅在词作中描绘了茶的情趣，她还被认为是茶令的首创者之一，与赵明诚共同行茶令，以考经史典故知识为主，这种形式不仅增加了夫妻间的情趣，也促进了茶文化在文人雅士中的传播。此外，李清照还擅长分茶，她在词中提到"当年曾胜赏，生香熏袖，活火分茶"。这些都表明她在茶道上造诣颇深。她的茶作不仅描绘了茶的香气和品味，更体现了她对生活的热爱和对美好时光的珍惜。

（四） 茶肆的兴起

宋代以售卖茶水为主要经营内容的店铺越发兴盛，时称茶肆，也有称茶坊、茶楼或茶邸的，是一种供顾客品茶赋闲、怡情养性的公共活动场所。

茶肆的发端要从晋代说起，据陆羽《茶经》记载："《广陵耆老传》：晋元帝时，有老姥每旦独提一器茗往市鬻之，市人竞买。"也就是说，从晋元帝时已有人将茶水作为商品拿到集市上卖，开始摆"茶摊"。不过这仅属于流动摆摊，还没有形成规模。

到了唐玄宗天宝末年进士封演在其《封氏闻见记》中记载："自邹、齐、沧、棣，渐至京邑，城市多开店铺，煎茶卖之。不问道俗，投钱取饮。"按封演所记，专业经营茶水的店铺已经出现，今山东邹县、惠民一带，还有河北沧县以及山东北部和河北东南部，一直到京城长安（今陕西西安）均有卖茶店铺。《旧唐书・王涯》记载了唐文宗太和年间，"涯等苍惶步出，至永昌里茶肆，为禁兵所擒"。可见唐代茶肆一词已经出现。

宋代繁荣的商品经济和城市商业经济为茶肆的兴盛提供了强有力的物质基础。据《梦粱录・茶肆》记载：

"今杭城茶肆亦如之，插四时花，挂名人画，装点店面。"

"今之茶肆，列花架，安顿奇松异桧等物于其上，装饰店面，敲打响盏歌卖。"

"人情茶肆，本非以点茶汤为业，但将此为由，多觅茶金耳。"

"大街车儿茶肆、蒋检阅茶肆，皆士大夫期朋约友会聚之处。"

从记载中可见当时茶肆分布密度大，形式内容丰富多彩，茶肆的客人五花八门，上而王公贵人之所尚，下而小夫贱隶之所不可阙。茶肆的兴起极大地推动了宋代茶文化的多样化、艺术化和社交化，成为宋代文化繁荣的重要标志之一。

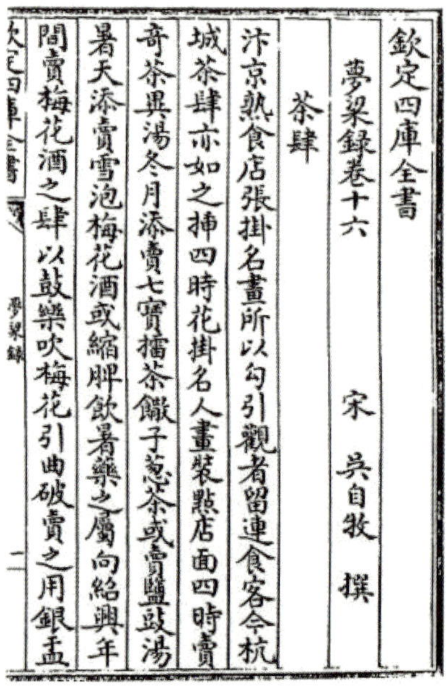
欽定四庫全書

夢粱録卷十六　　宋　吴自牧　撰

茶肆

汴京熟食店張掛名畫所以勾引觀者留連食客今杭城茶肆亦如之插四時花掛名人畫裝點店面四時賣奇茶異湯冬月添賣七寶擂茶饊子葱茶或賣鹽豉湯暑天添賣雪泡梅花酒或縮脾飲暑藥之屬向紹興年間賣梅花酒之肆以鼓樂吹梅花引曲破賣之用銀盂

欽定四庫全書　　夢粱録　　二

宋　吴自牧《梦粱录》影印资料

（五）清雅茶画叙繁荣

宋代文人相聚山林，焚香赏石，啜茗观书，抚琴品画，侍花插花，诸般闲雅生活形式，使宋时生活艺术达到顶峰。宋人绘画生动地反映了文人雅集的新形式与内容，其中品茶是聚会常见方式，雅集题材绘画也多有呈现。

宋徽宗《文会图》隐含唐代十八学士的典故，以写实笔法描绘了宋代的茶宴，展示不以酒而以茶、以文治国的诗情。此画是精于茶道的宋徽宗对于宋代龙凤团茶点法和品饮环境的生动写照，细致的笔法刻画出皇家园林品茗情景。画面上池水、山石、朱栏、树木交相辉映。巨大的茶案上有茶和丰盛的茶点。文士们围席而坐，相互交谈，顾盼生情。

画面下方几旁，侍者候汤、点茶、分酌和奉茶，各司其职，体现了茶宴的隆重和细致。

宋《文会图》
台北故宫博物院藏

《文会图》局部

宋 张激《白莲社图卷》局部
辽宁省博物馆藏

张激《白莲社图卷》的画面中有清晰的煮茶情景，展现了那个时期佛教僧人与文士品茗参禅的情景。

周季常、林庭珪绘制的《五百罗汉图》之《吃茶图》，生动再现了南宋时期寺院僧人的点茶场景，展现了当时的茶文化，体现了茶在佛教寺院生活中的重要地位。

刘松年的《撵茶图轴》是刘松年与茶事有关的画作中最具代表性的一幅。画面描绘的是宋代文人小型雅集品茗、观书、作画的生活场景。画中呈现的是宋代点茶法，左画面绘二侍者备茶，一人端坐矮几，手推茶磨撵茶，边上置棕制茶帚与拂末各一，以拂聚茶末。另一人则立于桌边，正在点茶。茶桌上置茶筅、茶盏、茶托、茶末盒等。桌前是风炉，炉火上正烧煮沸水。画面右侧有三人，一僧伏案执笔书写，一士人相对而坐，似在观赏；另一士人坐在案旁，双手展卷，而眼神却在欣赏僧人作书。画面充分展示了文人雅集品茶、赏画的生动场面，再现了两宋流行的点茶技艺。《撵茶图轴》不仅是一幅艺术价值极高的绘画作品，也是研究宋代茶文化和文人生活的重要史料。它为我们提供了宋代点茶流程、茶具使用以及文人雅集场景的直观画面。

宋　周季常　林庭珪
《五百罗汉图》之《吃茶图》局部
日本京都大德寺藏

宋　刘松年
《撵茶图轴》（局部）
台北故宫博物院藏

宋 李嵩
《骷髅幻戏图页》
北京故宫博物院藏

《骷髅幻戏图页》描绘了宋代街头表演的傀儡戏。画面左下角为艺人随身携带的行李担，装满生活必需品，包括一件曲柄执壶，为点茶用的茶瓶。它为我们提供了宋代艺人生活和茶文化在民间普及程度的直观证据。

宋 赵伯骕
《风檐展卷》
台北故宫博物院藏

《风檐展卷》画中营造了一个文人理想的燕居之室，四艺的焚香、点茶、挂画、插花俱在此作品中呈现。庭前曲栏间白衣小僮手执茶盘，上有黑漆茶托、茗盏和香炉，可见茶文化作为“四般闲事”之一，是文人生活的重要组成部分。

宋 佚名
《饮茶图》
美国弗利尔美术馆藏

《饮茶图》中一侍女双手捧茶盘，一妇人伸手从盘中拿茶具。右边一贵妇面向她们而立，仪态端庄娴静，后随侍女双手捧一锦盒。画中所描绘的场景反映了宋代贵族女性的饮茶礼仪和生活情趣，茶盘和锦盒的使用体现了当时饮茶的讲究和仪式感，反映了当时社会的礼仪和文化风貌。

（六）

茶具的气韵美学

说起茶，离不开器，宋代茶器不饰繁缛，独以造型、釉色取胜，凝聚着宋人取法自然的审美趣味。这不仅是一种纯粹的物质形态，更是文化层面的人文精神。

这些茶具体现了宋人崇尚平淡自然、简洁明朗的精神气韵，具备典雅含蓄的美学意境。

宋代的执壶造型一改唐代的敦朴丰满形象，显得挺拔秀气。执壶，宋代人通常称之为汤瓶。

宋
龙泉窑青釉暗刻花六棱执壶
中国茶叶博物馆藏

宋
绿釉剔刻花卉纹执壶
北京故宫博物院藏

盏托是宋代茶文化中重要的茶具之一，其造型别致、工艺精湛，体现了宋代瓷器的高超水平。托口沿的形状多样，除了常见的圆形外，还有花瓣形等装饰性较强的形状。盏托通常由托盘和托圈两部分组成。宋代盏托的装饰较为简洁，多以釉色和造型取胜，不仅是实用的茶具，更是宋代茶文化的重要载体。其造型和装饰反映了宋代文人的审美情趣和生活追求。

宋
官窑青釉盏托
北京故宫博物院藏

宋
定窑白釉刻回纹盏托
北京故宫博物院藏

宋
钔银描金黑漆托盏
邵武市博物馆藏

宋
青白釉葵口托盏
北京故宫博物院藏

宋代饮茶、斗茶之风盛行，黑釉茶盏衬托白色茶沫最适宜斗茶，因而受到斗茶者的喜爱。宋徽宗在《大观茶论》中称“盏色贵青黑，玉毫条达者为上”，故全国兴起了不少烧黑瓷的窑场，其中以福建的建阳窑和江西的吉州窑最为著名。

福建建阳窑器物，胎体厚重、釉色漆黑的茶盏流行一时。在这种茶盏的黑色釉面上有呈放射状的黄褐色条纹，似兔子身上的皮毛，俗称“兔毫纹”，属于结晶釉的一种。除“兔毫纹”盏外，建阳窑还生产“油滴纹”盏，它们均为宋代著名的茶具品种。

吉州窑工匠运用民间剪纸的手法，把凤凰灵动飘逸的形象生动传神地展现在这件瓷碗上，新颖别致，图案极具装饰效果。

福建建窑黑釉茶盏曾一度为宫廷御用。此外，福清窑黑釉茶盏也很著名，其釉色漆黑光亮，兔毫纹向外放射，极为美观。

宋 黑釉兔毫盏 北京故宫博物院藏

宋 吉州窑黑釉剪纸贴花三凤纹碗 北京故宫博物院藏

宋 福清窑黑釉盏 北京故宫博物院藏

（七） 辽、金等北方民族的茶文化交流与融合

两宋期间，北方还有契丹族建立的辽、女真族建立的金以及蒙古族建立的蒙古帝国等少数民族政权。在这个时期，北方少数民族与中原汉族文化相互交流和融合。在这样的民族政权分立的社会背景下，茶及其文化作为中原先进农耕经济的特色输出产品之一，在北方少数民族区域的文化影响力得到了提升。

与两宋对峙期间，北方少数民族区域的茶饮风尚慢慢普及，茶业运营管理更加规范，茶事活动范围更加广泛，茶文化艺术作品熠熠生辉，并呈现出民族融合发展的特点。

五代时期，契丹贵族已有茶饮风俗，《辽史・太宗下》载有后晋曾“遣使进茶药”。辽统辖区域接近中原，与宋中原文化接触较多，因此契丹族受茶文化影响也较早。饮茶风俗得以在辽国广泛传播，且已影响到契丹人的政治和社会生活，这从《辽史》中大量记述朝中行茶、赐茶等礼仪处可见一斑。契丹贵族饮茶方式与宋人基本相同，用的是点茶法，不同的是，辽人是先上汤水后上茶。朱彧《萍洲可谈》载有“先公使辽，辽人相见，其俗先点汤，后点茶。至宴会，亦先水饮，然后品味以进”。

辽代晚期，多地都出现了非常精美的与茶相关的壁画，其中以张家口宣化辽墓壁画较有代表性，这些壁画呈现出辽代晚期贵族的饮茶场景。

辽墓中还出土了不少精美的茶具，可以与壁画对照，更真实地感受到当时的饮茶场景。

辽
张世卿墓
壁画备茶图 局部

辽
张匡正墓
壁画备茶图 局部

辽
绿釉刻花单柄壶
北京故宫博物院藏

辽
黄釉执壶
北京故宫博物院藏

辽
张文藻墓
黄釉渣斗、盏托

金朝南下进入中原地区后，受中原茶文化影响日甚，到金章宗时期，饮茶风气已呈现“比岁上下竞啜，农民尤甚，市井茶肆相属，商旅多以丝绢易茶，岁费不下百万”的状况。从金代早期墓室壁画中，可见金人日常饮茶的细节，其饮茶方式、所用器具与北宋基本相同。

北京市石景山区八角村金墓出土备茶图壁画

对饮茶的接受和需求，促进了历史上中国各地区、各民族、各阶层的交往。备茶方法、饮茶器具日渐趋同，是交流程度不断深化的表现。从辽、金墓葬出土的壁画、器物等来看，北方各民族在茶文化领域表现出交流、融合的趋势。这些日常生活场景从侧面反映了契丹、女真等族与中原基本相同的饮茶风俗，体现了其融入中华民族大家庭的文化进程。

金
侍女捧茶盘图方砖
北京故宫博物院藏

金
磁州窑黑釉酱彩条状纹碗
北京故宫博物院藏

第七章 承上启下的元代茶

元朝建立之后，唐宋时期的茶文化也被元朝所继承并发展创新，形成了特点鲜明的元代茶文化。

元朝是一个多民族融合的朝代，蒙古族、汉族以及其他民族之间的文化交流频繁，简单的饮茶方式更符合元代社会的实际情况，饮茶方式由此走向简约化。这对明清时代的瀹茶法的形成起到了重要作用，促成了明清时代简便的饮茶方式。

这种简单化的饮茶方式也更容易向大众普及，其大众化的表现之一就是客来敬茶成为一种普遍的社会习尚。虽然，唐宋时代就有以茶待客的习俗，但主要在文人士大夫阶层流行，而到元代客来敬茶则已成为各阶层，特别是普通民众的待客习俗。

（一） 化繁为简的“清茶”

元代到明代中期流行煮茶，人们把散茶投入鼎、釜等容器中烹煮，水沸即停，无需调味，元人称之为“清茶”。此法免去碾茶、罗筛等繁琐步骤，颇受文人喜爱，诗词、散曲中常有“烹茶芽”之句。自此，饮用散茶渐成风尚。

元人忽思慧的《饮膳正要》是一部营养学专著，书中记载了“清茶”的做法：“先用水滚过，滤净，下茶芽，少时煎成。”用茶芽煎煮，而非茶末或其他形态，并非元人的独创，这是自唐代以来就存在的一种饮茶方式。陆羽《茶经》中写道“饮有粗茶、散茶、末茶、饼茶者”，其中的散茶就是叶茶。而到了元代，茶芽煎煮法在各阶层更广泛地应用，从而导致了明代废茶末而直接冲泡茶芽的简约饮茶方式的定型。

元代时期常用的茶具仅有执壶、高足杯、盏、盏托、碗、盖罐等，往日习见于宋、辽人茶室中的碾、罗、风炉等均不见踪影。

内蒙古赤峰市元宝山元墓出土的《备茶图》壁画

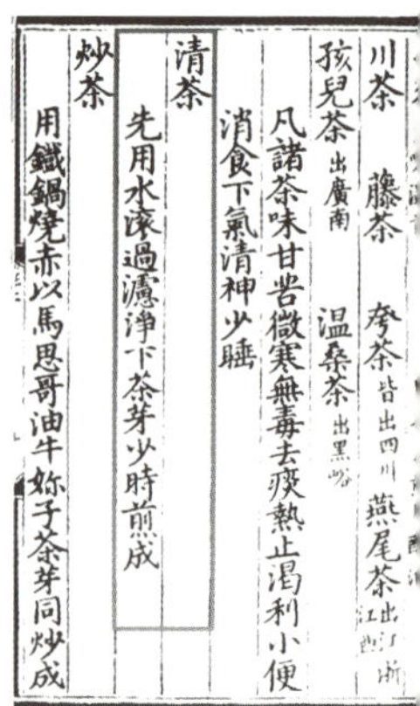

川茶 藤茶 夸茶皆出四川 燕尾茶
孩兒茶出廣南 温桑茶出黑峪
凡諸茶味甘苦微寒無毒去痰熱止渴利小便
消食下氣清神少睡
清茶
先用水滚過濾淨下茶芽少時煎成
炒茶
用鐵鍋燒赤以馬思哥油牛妳子茶芽同炒成

元 忽思慧《饮膳正要》影印资料

（二）

一本农书记茗茶

《农书》与《氾胜之书》《齐民要术》《农政全书》并称“中国古代四大农书”。《农书》是王祯根据自己长期的调研与实践写成的。

王祯，东平（今山东省东平县）人，元代著名农学家。与西汉的氾胜之、北魏的贾思勰、明代的徐光启齐名，中国古代四大农学家之一。代表作品《农书》。

《农书》卷十之“茶”部分，介绍了茶树的栽培，以及茶的采造藏贮、碾焙煎试等，简短而精要。比如，“采讫，以甑微蒸，生熟得所（生则味涩，熟则味减）。蒸已，用筐箔薄摊，乘湿略揉之。入焙匀布，火烘令干，勿使焦。编竹为焙，裹箬覆之，以收火气”，记载了制茶方式和蒸青茶技术。

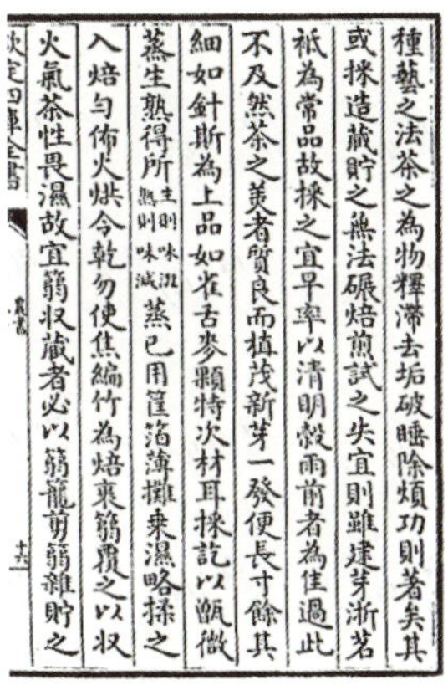

種藝之法茶之為物釋滯去垢破睡除煩功則著矣其
或採造藏貯之無法碾焙煎試之失宜則雖建芽浙茗
祇為常品故採之宜早率以清明穀雨前者為佳過此
不及然茶之美者質良而植茂新芽一發便長寸餘其
細如針斯為上品如雀舌麥顆特次材耳採訖以甑微
蒸生熟得所（生則味澀熟則味減）蒸已用筐箔薄攤乘濕略揉之
入焙勻佈火烘令乾勿使焦編竹為焙裹蒻覆之以收
火氣茶性畏濕故宜蒻收藏者必以蒻籠剪蒻雜貯之

欽定四庫全書

《农书》记载蒸青技术影印资料

书中还说：“茶之用有三：曰茗茶，曰末茶，曰蜡茶。凡茗煎者，择嫩芽，先以汤泡去熏气，以汤煎饮之。今南方多效此。然末子茶尤妙。先焙芽令燥，入磨细碾，以供点试。”所谓“茗茶”“末茶”，就是茶芽煎煮及茶叶碾成末煎煮；而蜡茶是宫廷贡御所用茶品，其主产区在江浙、福建一带。蜡茶传承了宋代龙凤团茶的制作法，专用于上贡宫廷，民间并不饮用这种制作较为复杂的饼茶。茗茶、蜡茶、末茶三种茶叶都是蒸青绿茶，只是饮用方法不同而已。尽管王祯主张“末子茶尤妙”，但是“今南方多效此”的“此”指茗茶，就是说虽然王祯推崇末茶，但是茶叶消费最普及的南方主要饮用沏煮的蒸青叶茶。而蜡茶作为朝廷专用茶，是满足特殊群体需求的特殊品类茶叶，因无法提供给大众市场，并不会广泛流通。

《农书》为后人提供了宝贵的农业知识和技术，对茶的发展产生了深远的影响。

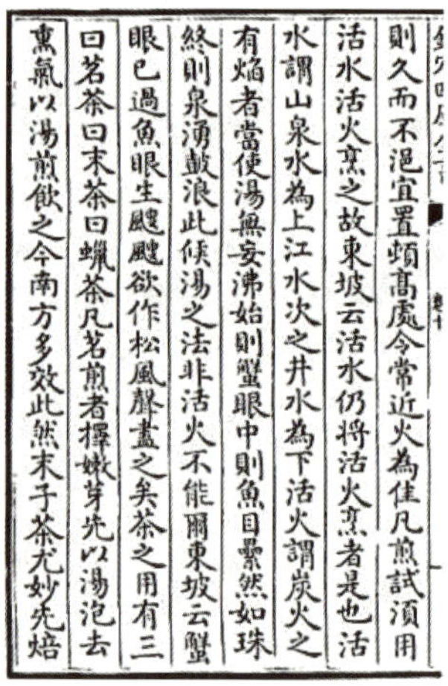
則久而不渴宜置頻高處令常近火為佳凡煎試須用
活水活火烹之故東坡云活水仍將活火烹者是也活
水謂山泉水為上江水次之井水為下活火謂炭火之
有焰者當使湯無妄沸始則蟹眼中則魚目纍然如珠
終則泉湧皷浪此候湯之法非活火不能爾東坡云蟹
眼已過魚眼生颼颼欲作松風聲盡之矣茶之用有三
曰茗茶曰末茶曰蠟茶凡茗煎者擇嫩芽先以湯泡去
熏氣以湯煎飲之今南方多效此然末子茶尤妙先焙

《农书》记载『茗茶』影印资料

（三） 诗画茶情与以茶待客

内蒙古赤峰市元宝山元墓壁画《进茶图》与山西洪洞县广胜寺壁画的煮茶场景，生动地再现了元代的饮茶习俗及饮茶场面。

赵孟頫是元代著名的书法家、画家，书画造诣极为精深，乃元代画坛领袖。其《斗茶图》描绘了四茶贩在树荫下“斗茶”的情景，春风三月景色新，斗茶谈笑雅兴浓。整个画面人物性格、神情刻画逼真，形象生动，是元代绘画中较为少见的题材，也是“斗茶”题材作品中的“绝响”。《斗茶图》展现了当时民间茶叶买卖和斗茶的场景，反映了元代民间的嗜茶风尚。

赤峰市元宝山 元墓壁画《进茶图》

山西洪洞广胜寺 壁画的煮茶场景

元 赵孟頫 《斗茶图》局部 台北故宫博物院藏

赵孟頫还写过一首关于煮茶用水的诗，描写了“寒月泉”泉水的甘甜，也表现了其对于煮茶用水的讲究。

我尝游惠山，
泉味胜牛乳。
梦想寒月泉，
携茶就泉煮。
——赵孟頫
《天冠山题咏诗帖其九寒月泉》

元代茶诗有不少是由非汉民族诗人创作的，如耶律楚材。

主人知我怯金觞，特为先生一改堂。
细切黄橙调蜜煎，重罗白饼糁糖霜。
几盘绿橘分金缕，一碗清茶点玉香。
明日辞君向东去，这些风味几时忘。
——耶律楚材《赠富察元帅七首·其三》

一曲离骚一碗茶，个中真味更何加。
香消烛烬穹庐冷，星斗阑干山月斜。
——耶律楚材《夜坐弹离骚》

积年不啜建溪茶，
心窍黄尘塞五车。
碧玉瓯中思雪浪，
黄金碾畔忆雷芽。
卢仝七碗诗难得，
谂老三瓯梦亦赊。
敢乞君侯分数饼，
暂教清兴绕烟霞。
——耶律楚材《西域从王君玉乞茶因其韵七首·其一》

从这些画与诗中，我们不难看出茶在元人社会中的重要地位。

元代饮茶之风渗透到社会生活的方方面面，从贵族向普通民众普及，饮茶方式的简化也便于普通民众接受和实践。无论是皇室贵族还是普通民众，都从饮茶中获得精神和口味的满足，这种对茶的喜爱使得以茶待客成为一种表达热情和尊重的方式。城市中出现了大量的茶坊，成为市民休闲、社交的重要场所，以茶待客成为一种普遍的社交礼仪。

杨维桢所著的一篇小茶文《煮茶梦记》写道：“命小芸童汲白莲泉，燃槁湘竹，授以凌霄芽，为饮供。”具体描述了元代简约煮茶的方式，这种煮茶方式成为元代茶文化的重要特征。

第八章 茶文化普及于明代

明代是中国古代饮茶文化的重要转变期，也是茶文化创新变革的重要时代，继承元代简约化的饮茶方式，开创化繁为简的茗饮艺术的新局面，使茶更贴近人们的日常生活。

饮茶人群进一步增多，茶的普及程度得到进一步加强。简约的饮茶方式正式成为主流，且在茶叶栽种、加工技艺、品饮方式、茶器、茶品及茶道理念等方面，都有了进一步的发展，对后世产生了深远的影响。

明代茶文化对于当下中国茶文化的建设具有很多的启迪作用，值得今人认真学习、吸收和借鉴。

（一） 返璞归真的改贡茶与瀹饮法

· 明太祖改“团”为“散”

团饼茶到了元代已日渐衰落，而唐宋时期不受重视的散茶愈来愈受到人们的青睐。

贡品团茶制作工艺复杂，费时耗工且价格昂贵，明太祖朱元璋在洪武二十四年(1391年)下诏罢造龙团，改贡芽茶(散茶)。《明史》中记：“福建建宁所贡最为上品，有探春、先春、次春、紫笋及荐新等号。旧皆采而碾之，压以银板，为大小龙团。太祖以其劳民，罢造，惟令采茶芽以进，复上供户五百家。”

在明朝，原来主流的末茶虽然没有立即消亡，但是进一步萎缩，最终因其生产效率低、茶汤制作复杂等因素在明代结束了其悠久的发展史。丘濬《大学衍义补》中记载：“然唐、宋用茶皆为细末制为饼片，临用而辗之，唐卢仝诗所谓首阅月团、宋范仲淹诗所谓辗畔尘飞者是也。元志犹有末茶之说，今世惟闽、广间用末茶，而叶茶之用遍于中国，而外夷亦然，世不复知有末茶矣。”

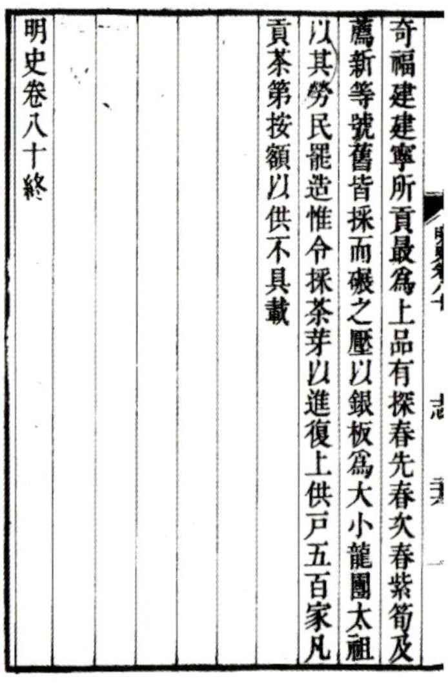
奇福建建寧所貢最爲上品有探春先春次春紫筍及
薦新等號舊皆採而碾之壓以銀板爲大小龍團太祖
以其勞民罷造惟令採茶芽以進復上供戶五百家凡
貢茶第按額以供不具載
明史卷八十終

《明史》记录罢造龙团影印资料

废“团”改“散”不仅引发了饮茶方式和器具的变革，而且推动了散茶尤其是后期炒青绿茶的全面发展，返璞归真的散茶开创了饮茶新局面，在茶文化发展史上有着划时代的意义。

· 散茶清饮的“瀹饮法”

散茶在唐朝时加工、贮藏、保存的方法还不尽完备，经过宋、元两朝的发展已逐渐完备并在民间普及，但当时的文人雅士仍使用以团饼为原料的点茶法，并不看重散茶。

元代开始流行简单的清饮方式，为明代散茶清饮的兴起提供了过渡。而废“团”改“散”这一政策直接推动了散茶生产技术的发展，简化了茶叶加工和品饮过程。

随着散茶的普及，明代逐渐形成了“瀹饮法”，即以沸水直接冲泡散茶的方法。卢维祯墓出土的紫砂壶和茶叶，是明代饮用散茶的实物证明。

明万历年间文学家沈德符《万历野获编·补遗》卷一记载：“今人惟取初萌之精者，汲泉置鼎，一瀹便啜，遂开千古茗饮之宗。”明代的瀹饮法包括备器、择水、取火、候汤、品茶等环节。这就是我们现在生活中最熟悉、最普通的泡茶方法的前身：投茶，加水，冲泡，品饮。

以沸水冲泡茶叶的“瀹饮法”饮茶，有崇尚自然、返璞归真之妙。散茶兴起之后，人们品茶寻韵，推动着茶类的创新与发展，今天的茶叶分类，就是在明清两朝逐渐形成和发展的。

明 时大彬款紫砂壶和壶中散茶
福建省漳浦县明卢维祯墓出土

（二）

茶理论的再度兴起

· 朱权隐世著《茶谱》

朱权是明太祖朱元璋的第十七子，被封为宁王。朱棣即位后，朱权隐居南方，过着鼓琴读书、饮茶交友的生活。他将自己的饮茶经验和体会撰写成《茶谱》，对中国茶文化做出了重要贡献。

为了推行父亲废团改散的主张，他在《茶谱》中指出，宋代以来的“龙团、凤团、月团”等团茶，杂以诸香，饰以金彩，这种做法不仅复杂，还掩盖了茶叶的真味，违背了茶的自然本性。相比之下，散茶才能更好地保留茶的“自然之性”。此举不仅是对两宋茶道过于繁复的一种反对，也是对陆羽“精行俭德”茶道本源的回归。

《茶谱》全书约2000字，分为绪论和十六则内容。

在绪论中，朱权明确反对制团茶碾末的做法，他写道：“然天地生物，各遂其性。莫若叶茶，烹而啜之，以遂其自然之性也。予故取烹茶之法，末茶之具，崇新改易，自成一家。”

朱权还独创了蒸青叶茶的烹饮法。这十六则内容都是记述蒸青叶茶的烹点方法。依次为品茶、收茶、点茶、熏香茶法、茶炉、茶灶、茶磨、茶碾、茶罗、茶架、茶匙、茶筅、茶瓯、茶瓶、煎汤法、品水。

在《茶谱》中，朱权提到：“茶瓯，古人多用建安所出者，取其松纹兔毫为奇。今淦窑所出者与建盏同，但注茶，色不清亮，莫若饶瓷为上，注茶则清白可爱。”他主张使用景德镇的白瓷茶瓯，因为这样可以让茶汤显得“清白可爱”。

他还提出了行茶时设案焚香等礼仪，营造出雅致的空间气氛。焚香弹琴、烹茶待客，这样的氛围成为明代文人雅士饮茶的典型场景。从煮茶、煎茶、点茶到泡茶的演进，也折射出茶文化传播过程中的起伏与流变。

· 张源历三十年著《茶录》

《茶录》（亦名《张伯渊茶录》）是明代一部重要的茶学著作，是明代茶学家张源的代表作。吴江顾大典在《茶录》序中说："其隐于山谷间，无所事事，日习诵诸子百家言。每博览之暇，汲泉煮茗，以自愉快。无间寒暑，历三十年，疲精殚思，不究茶之指归不已。"

张源，字伯渊，号樵海山人，是明代著名的茶学家。长期隐居于山谷之间，专注于茶学研究。

全书约一千五百字，分为采茶、造茶、辨茶、藏茶、火候、汤辨、汤用老嫩、泡法、投茶、饮茶、香、色、味、点染失真、茶变不可用、品泉、井水不宜茶、贮水、茶具、茶盏、拭盏布、分茶盒、茶道共二十三则。每则都精练简要，言之有物，是明代茶书的经典之作。

其中详细记录了以茶壶泡茶之法："探汤纯熟便取起，先注少许壶中，祛荡冷气，倾出，然后投茶。茶多寡宜酌，不可过中失正。茶重则味苦香沉，水胜则色清气寡。两壶后，又用冷水荡涤，使壶凉洁。不则减茶香矣。罐熟，则茶神不健，壶清，则水性常灵。稍俟茶水冲用，然后分釃布饮。釃不宜早，饮不宜迟。早则茶神未发，迟则妙馥先消。"发展到现在就是我们泡茶先要温壶，投茶量与出茶汤要恰到好处。

他还根据不同季节提出了“三投法”，并主张饮茶以人少为贵，以保持品茶的雅趣和神韵。这些主张不仅体现了明代茶文化的精致和讲究，也为后世的茶道美学和实践提供了重要的参考。

《茶录》是明代茶书中极为罕见的精研之作，语言简练，内容实用，对后世的制茶、鉴茶、泡茶技术研究具有重要的启发作用。不仅总结了明代茶文化的发展，还对茶道美学和实用性的结合进行了深刻的探讨。书中提出的“精、燥、洁”茶道三字经，堪称言简意赅，成为后世茶道的重要准则。

(三) 日臻成熟的制茶技术

明代是我国茶类生产和制茶技术继宋之后的又一个重要的发展时期。

明代许次纾于《茶疏》中论述杀青有两种方法，即蒸青和炒青，并详细记述了炒制绿茶的方法，很有现实意义。

关于炒青加工的工序，罗廪《茶解》中对炒青茶有详细技术要求。如炒茶要准备一口茶锅，称之为“铛”。杀青锅温要热，而焙茶火温要低；鲜叶要新鲜；杀青的投茶量要少；高温急杀，杀透杀匀；杀青后要经过摊凉才开始揉捻，不经过摊凉就会变色，烘干要慢火烘炙；锅面要求光滑干净等。大体包括了高温杀青、摊凉、揉捻、复炒、烘干的技术要点，这种工艺与现代炒青绿茶制法非常相似。古人炒青工艺的技术要求至今仍然被各地名优绿茶所沿用和遵循。由此可见，我国炒青绿茶的“传统工艺”源远流长。

除了炒青之外，还有晒青及蒸青法。关于晒青茶，田艺蘅《煮泉小品》中说：“芽茶以火作者为次，生晒者为上，亦更近自然，且断烟火气耳。”认为晒青更贴近自然，不失茶的本味。其中还写道：“生晒茶瀹之瓯中，则旗枪舒畅，清翠鲜明，尤为可爱。”高濂在《遵生八笺》中也提到：“茶以日晒者佳甚，青翠香洁，更胜火炒多矣。”

明代还有一种蒸茶名岕茶，与明代已成为主流茶品的芽茶做法不同，它不是用炒制的方法，而是以先蒸后焙的方法制作而成，因而也就别具一种风味。冯可宾的《岕茶笺》中记载有具体的蒸茶制作方法：“蒸茶须看叶之老嫩，定蒸之迟速，以皮梗碎而色带赤为度，若太熟则失鲜。其锅内汤须频换新水，盖熟汤能夺茶味也。”

明代制茶法的日趋完善，为后来多种茶体系的形成奠定了基础，这个过程中凝结着茶人的勤劳与智慧。饮茶，既是在享受自然的馈赠，更是在感受人类文明的魅力。

（四）

雅俗共赏的品饮美学

· 水利茶汤得真味

明代品茶对水的关注极为细致，认为水是茶的载体，其品质直接决定了茶汤的色、香、味。明代茶人对泡茶用水的选择、评价和处理都有系统的研究和实践，《食物本草》中说："茶者水之神，水者茶之体。非真水莫显其神，非精茶曷窥其体。"许次纾在《茶疏》中说："精茗蕴香，借水而发，无水不可与论茶也。"陆廷灿在《续茶经》中引用张大复的话说："茶性必发于水，八分之茶，遇十分之水，茶亦十分矣；八分之水，试十分之茶，茶只八分耳。"

明代茶人对水质的要求非常严格，主要标准包括清、活、轻、甘、寒五个方面。清即水质必须清澈透明，无杂质。活即水要流动，有源有流，忌静水。轻即水的比重应适中，过重的水会影响茶的口感。甘即水味要甘甜，口感舒适。寒即水温要适宜，不宜过热。

明代茶人对水源的选择非常讲究，认为不同水源的水质差异很大，直接影响茶的品质。山泉水被认为是最佳的泡茶用水，尤其是山顶泉、石中泉，因其清冽甘甜。天水包括雨水、雪水等，因其纯净，也常被用于泡茶。江水次于山泉水，但需选择清洁的江段。井水被认为是最次的水源，因其可能含有杂质。明代茶馆对水的选择也非常严格，通常会选用优质的山泉水或天水来泡茶。

明代茶人对泡茶用水的关注和研究，体现了他们对茶道美学的追求和对自然的尊重，这些理念至今仍对现代茶文化有着深远的影响。

· 器承茶香入心扉

由于明代茶叶不再碾末冲点，之前流行的茶臼、茶碾、茶磨、茶筅等几乎不用，茶壶和茶杯的组合代之而起。

明代文人推崇白瓷茶杯，宫廷所遗茶器亦以白瓷茶杯为主，许次纾对茶具也有自己独到的见解，主张用白瓷凸显茶的汤色。文震亨《长物志》中赞曰："宣庙有尖足茶盏，料精式雅，质厚难冷，洁白如玉，可试茶色，盏中第一。"

明嘉靖
白釉鸡心式碗
北京故宫博物院藏

明永乐
甜白釉执壶
北京故宫博物院藏

文震亨在《长物志》中说"壶以砂者为上"，并道明原因是"盖既不夺香，又无熟汤气"。将紫砂壶誉为为泡茶而生的壶。紫砂壶自明代中期出现，逐渐成为重要的泡茶器，并一直流行至今。

明人称泡茶的茶壶为"茶注"，明代中期之后，出现龚春、时大彬等名家的名壶，宜兴紫砂壶成为茶人眼中的新贵，贵比黄金。

明
供春紫砂壶
中国国家博物馆藏

明万历三十二年
紫砂『甲辰春日时大彬制』
款六方茶壶
北京故宫博物院藏

在江苏省南京市玄武区板仓街明墓出土的紫砂铫，铫底部火烧及烟熏痕迹明显，说明此器确为煮茶或煮水所用。明高濂《遵生八笺》中记载的"砂铫煮

水为上"，说的就应是这类器物。

江苏省南京市明司礼太监吴经墓出土的紫砂提梁壶，是目前所见年代可考的器物中明代最早的紫砂壶。

从此紫砂的质朴、白瓷的经典、青瓷的淡雅、青花的典雅、斗彩的绚丽等，一器一美谈，一器一佳话，都带有历史的痕迹与时间的温度。

明早期
紫砂铫
南京市博物总馆藏

明嘉靖十二年
紫砂提梁壶
南京市博物总馆藏

明晚期
紫砂胎剔红山水人物图壶
北京故宫博物院藏

明
龙泉窑青釉提梁壶
北京故宫博物院藏

明宣德
青花缠枝花纹执壶
北京故宫博物院藏

明永乐
青花缠枝莲纹压手杯
北京故宫博物院藏

明成化
斗彩缠枝莲纹天字罐
北京故宫博物院藏

· 茶寮中的生活美学

茶寮是指饮茶的小屋,也可以泛指品茶的场景，或者说小型的“茶空间”。嗜茶的风雅人士，与自然情趣相融合的茶寮文化成为明清茶文化的一大特色，再一次推动了茶空间与茶美学的发展。

陆树声的《茶寮记》记述:“园居敞小寮于啸轩埤垣之西，中设茶灶，凡瓢汲罂注濯拂之具咸庀，择一人稍通茗事者主之，一人佐炊汲。客至，则茶烟隐隐起竹外，其禅客过从予者，每与余相对结跏趺坐，啜茗汁，举无生话。”提倡于小园之中，设立茶室，并强调与自然的和谐之美。

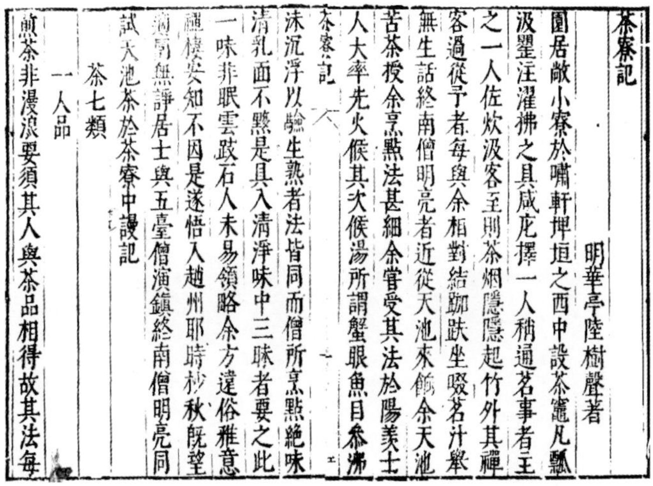
茶寮記
明華亭陸樹聲著
園居敞小寮於嘯軒埤垣之西中設茶竈凡瓢汲罌注濯拂之具咸庀擇一人稍通茗事者主之一人佐炊汲客至則茶烟隱隱起竹外其禪客過從予者每與余相對結跏趺坐啜茗汁舉無生話終南僧明亮者近從天池來餉余天池苦茶授余烹點法甚細余嘗受其法於陽羨士人大率先火候其次候湯所謂蟹眼魚目參沸
茶寮記　六
沫沉浮以驗生熟者法皆同而僧所烹點絶味清乳面不黦是具入清淨味中三昧者要之此一味非眠雲跂石人未易領略余方違俗雅意禪棲安知不因是遂悟入趙州耶時杪秋既望適有無諍居士與五臺僧演鎮終南僧明亮同試天池茶於茶寮中謾記
茶七類
一人品
煎茶非漫浪要須其人與茶品相得故其法每

陆树声《茶寮记》影印资料

文震亨的《长物志·茶寮》中提到:“构一斗室，相傍山斋，内设茶具，教一童专主茶役，以供长日清谈，寒宵兀坐。幽人首务，不可少废者。”认为茶空间的设置为幽居之士的首要事务，体现了他的生活与审美的方式。

高濂在《遵生八笺》专有的茶寮一章中对茶寮增备的物质条件进行了描述:“侧室一斗，相傍书斋。内设茶灶一，茶盏六，茶注二，余一以注熟水。茶臼一，拂、刷、净布各一，炭箱一，火钳一，火箸一，火扇一，火斗一，可烧香饼。茶盘一，茶橐二，当教童子专主茶役，以供长日清谈。寒宵兀坐，煎法另具。”可以看出茶寮的一个典型特征是“小”，且与书斋相邻。当时的文人雅客仅邀请三两好友出席茶会，期间品茗抚琴、吟诗作画，以追求艺术与自然相融合的精神境界。

· 以茶入画之雅韵

明代的茶事绘画更多地描绘了文人雅士在山水林木之间的茶会场景，不同于宋代的茶宴之风。茶会充分表现山林之乐，表达了明代文人追求闲适之趣的特点。

文徵明的《惠山茶会图》描绘了文徵明与好友在无锡惠山饮茶赋诗的情景，勾勒文人群体品茗生活，图中人物情致刻画迥异，传达出共通的文雅气质，表达了淡泊的心性追求。

明
文徵明《惠山茶会图》
北京故宫博物院藏

仇英的《竹院品古图页》画面描绘了文人在庭院中品鉴古玩字画的场景。屏风后，一名童仆正在以风炉烹茶，另一名侍女手捧托盏侍立旁侧，展现了明代文人的生活雅趣与茶俗。

王问的《煮茶图》中，紫砂提梁壶,煮茶竹笼炉。铁筷调火候,化作茶仙卢。竹炉上放置的提梁壶与吴经墓出土的壶十分相似。

明代的茶事绘画通过细腻的笔触和淡雅的色彩，展现了文人雅士的茶事活动和生活情趣，是中国古代绘画艺术中的瑰宝。

明
仇英《竹院品古图页》
北京故宫博物院藏

明
王问《煮茶图》局部
台北故宫博物院藏

第九章 茶意不歇的清代

清代茶树栽培、茶叶加工技术更为完善，茶区面积扩大，产量提高。出现了茶树插枝繁殖技术，这是茶树栽培技术的一个突破性发展。制茶技术在明代的基础上进一步发展，尤其是炒青技术得到了广泛应用和改进。饮茶之人愈多，制法愈加精巧，研究改进制茶技术的工作也就愈加深入，名茶纷纷涌现，品饮方式更趋多样。贡茶制度得到进一步完善，贡茶的种类和数量不断增加，其发展达到了顶峰。贡茶区域广阔、茶品种类多样。

文人雅士通过诗词歌赋和书画作品表达对茶的热爱与推崇，更是将茶文化推向了一个新的高度。茶馆在清代迅速发展。市街乡里的茶楼、茶馆生意兴隆，成为各阶层人民日常生活的场所。

总之，清代茶文化在继承前代的基础上，呈现出多样化、世俗化的特点，还反映了当时社会经济的发展和文化的交流。

(一) 皇室茶事 引动茶风发扬

· 体系化的清宫贡茶

清代帝王都非常重视贡茶，宫廷日常饮茶和各项与茶相关的文化活动，促使全国各产茶区竞相将优质的茗品进贡朝廷。贡茶不仅关乎宫廷生活，还对社会经济产生了重要的影响。

历代地方官员为了迎合宫廷，费尽心思培育新的品种，改进制作工艺，出现了许多新的名茶品种，如西湖龙井、工夫花香茶、普洱茶等。逐步形成了国内一体化又各具地方特色的贡茶体系，推动着中国茶叶不断向前进步，也在很大程度上推动着地方经济的发展。清代的贡茶省份由明代的福建、浙江、南直隶、江西和湖广五省扩展到全国的十三省产茶区，贡茶的数量与品种都远超前代。

宫中设有茶库、茶房等，配有专职管理人员，除了服务于皇帝的御茶房，皇太后、皇后、皇子等居住的宫苑也设茶房。清宫茶库、茶房的相关遗存，可于细微处反映内廷对茶事的管理。

龙井茶 清宫旧藏

工夫花香茶
清宫旧藏

最大型普洱茶团
清宫旧藏

御茶房

① 紫檀木“储秀宫寿茶房”印
② 紫檀木“长春宫寿茶房”印
③ 铜“总管御饭房茶房之图记”印
张金发/摄

清代的贡茶分为土贡茶和不定期贡茶两类。

土贡茶是贡茶的主体，指朝廷确定的贡茶区，地方每年按照规定数量进贡的茶叶，带有实物税的性质。接收土贡茶的部门是礼部。茶库设于康熙二十八年（1689年），隶属于内务府广储司，这些贡茶基本上都会进入内务府广储司的茶库存储。存储包装也很讲究，有瓷罐、紫砂桶、锡桶、洋铁桶及银茶桶等

清 铁『茶库』火印

密封性较好的材质，也有笋叶这样透气、防潮又清香的材料。茶库铁火印专用于茶库管理人员。铁火印以铁铸造而成，加热后可以在木板或皮革上留下印记，用于入库标记。

不定期贡茶则包括节日进贡及一些临时性进贡的茶叶，这类贡茶通常由地方官员根据节日或特定需求进贡。通常会直接送入宫廷的各类茶房。

从档案记载来看，土贡茶的数量更多，而不定期贡茶的品种更丰富。

清康、雍、乾三朝皇帝，一朝比一朝爱茶，推动了贡茶制度的完善和茶文化的发展。宫廷饮茶文化对民间产生了深远的影响，贡茶集聚各地之佳茗，以进贡的形式构建起宫廷与地方的交流，既彰显着茶的重要经济价值，又体现了茶与政治生活的关联，是茶文化的重要内容之一，对后世的茶文化产生了深远的影响。

· 嗜茶帝乾隆

乾隆皇帝与茶的关系极为深厚，他不仅是茶文化的热爱者和实践者，更是茶文化的推动者和创新者。他积极研究传统饮茶文化，乐于追新求变，或亲自参与，或下命内府，制作了大量与茶相关的器物、书画等。

乾隆皇帝，名爱新觉罗·弘历，是清朝第六位皇帝，也是中国历史上在位时间最长的皇帝之一。他对茶文化有着浓厚的兴趣，堪称清代最具代表性的茶人。

乾隆皇帝热衷于在行宫别苑造茶舍，茶舍成为乾隆皇帝闲暇怡情、寄意林泉、释放翰墨诗情的最佳休闲之所。他在茶舍中多陈设茶仙人像，为茶事活动增添清雅意趣。泥塑彩绘茶仙人像原陈设于承德避暑山庄千尺雪茶舍，正是乾隆皇帝《竹炉山房》诗中的茶圣陆羽。

乾隆皇帝南巡驻跸惠山寺，寺中以竹炉烹茶，竹炉外壁编竹成形，内置金属胆或石胆以盛炭火，兼具实用性和艺术性，有“苦节君”之名，深受乾隆喜爱。乾隆遂命人仿制并带回京城，安置于茶舍，更以“竹炉山房”“竹炉精舍”为茶舍命名。

清乾隆
泥塑彩绘茶仙人像
北京故宫博物院藏

清乾隆
刻御制诗竹茶炉
北京故宫博物院藏

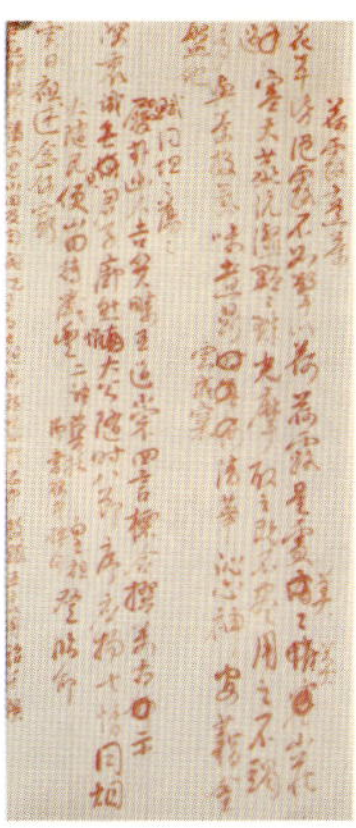

乾隆二十九年
弘历书《荷露烹茶》诗稿
北京故宫博物院藏

乾隆皇帝烹茶讲究用露水、雪水，认为露水以承德避暑山庄的荷露最佳，故数次赋诗赞之。此诗稿是诸多有关此主题诗作中的一首。

乾隆对荷露烹茶的喜爱，不仅体现在诗作中，还体现在他对相关茶器的设计上。他下令制作了专门的“荷露烹茶”诗茶器，如盖碗、茶壶和托盘等，并在这些茶器上都录了他的《荷露烹茶》诗。

清乾隆
白地矾红彩题《荷露烹茶》诗盖碗
白地矾红彩题《荷露烹茶》诗执壶
北京故宫博物院藏

清乾隆
白地矾红彩题《荷露烹茶》诗茶盘
北京故宫博物院藏

重华宫是乾隆登基后改建的，乾隆每年于正月择吉日在这里举行茶宴。乾隆十一年（1746年）开始效仿唐太宗“十八学士登瀛洲”，将参加茶宴人数定为十八人。三十一年（1766年）固定茶宴人数为二十八人。入重华宫参加茶宴之人必是皇帝特别信任和看重的大臣及文学修养极高、品位高雅的文人，茶宴以赋诗联句和饮茶为主要内容。

乾隆品茶需鉴水，陆以湉《冷庐杂识》记载，乾隆每次出巡，喜欢带一只精制银斗，精量各地泉水，精心称重，按水的比重从轻到重排出优次，并定玉泉山泉水为天下第一泉。

茶宴上最常饮用的茶是乾隆独创的三清茶。所谓“三清茶”是用龙井茶辅以梅花、松实、佛手为原料，用宫中收集的雪水煮沸而成。

据说乾隆皇帝于乾隆十一年巡山西五台山，回程途经河北定兴，正值雪天，突发雅兴，采用梅花、松实、佛手等，用雪水烹煮品饮，赋予雅称“三清茶”：

重华宫

赞美梅花傲立寒冬，色泽幽雅；松树四季常绿，松实饱满口感甘甜；佛手谐音“福寿”，香气温润雅致；雪水更是烹茶的珍贵材料。

乾隆对自己的三清茶很是得意，并写下了诗文《三清茶》。

梅花色不妖，佛手香且洁。
松实味芳腴，三品殊清绝。
烹以折脚铛，沃之承筐雪。
火候辨鱼蟹，鼎烟迭生灭。
越瓯泼仙乳，毡庐适禅悦。
五蕴净大半，可悟不可说。
馥馥兜罗递，活活云浆澈。
偓佺遗可餐，林逋赏时别。
懒举赵州案，颇笑玉川谲。
寒宵听行漏，古月看悬玦。
软饱趁几馀，敲吟兴无竭。

——乾隆《三清茶》

清乾隆
剔红题乾隆御制《三清茶》诗盖碗
北京故宫博物院藏

乾隆对自己写的《三清茶》诗颇为满意，并多次赋诗文赞美，还亲自参与设计饮用三清茶的茶碗，外壁均饰有御制《三清茶》诗，并让景德镇御窑厂将诗文烧制到御用茶壶、盖碗、茶杯、茶盘等上面。

风雅之士彭启丰在《芝庭先生集》中说到自己两次参加重华宫茶宴的情况："乾隆二十八年春孟六日，皇帝御重华宫，召廷臣共二十四人赐宴，臣启丰蒙恩与焉。有顷，御制律诗二章，即命臣等赓和，又特颁内府鉴藏名人画卷各一，臣启丰得《风雪杉松图》。"可以看出重华宫的茶宴不光是品茶，还有作诗文联句、赏书画等，赏赐的也是极其贵重之物。通过茶宴，乾隆皇帝不仅联络了君臣感情，还展示了对传统文化的热爱和传承。

乾隆皇帝喜爱创作茶诗、规制茶器、评定用水、组织茶会等茶事活动。这些茶事活动，集历代茶文化之大成，兼收外来因素开创新风，引领着当时茶文化的潮流与风尚。

· 美味的清宫奶茶

饮用奶茶是清代宫廷茶事的重要组成部分，不仅是日常饮品，还在祭祀、庆典、筵宴等重要活动中扮演重要角色。

清宫奶茶的配料

牛乳、奶油、茶叶、盐和水。牛乳是奶牛所产的新鲜奶水，熬茶所用的茶叶主要为锅焙茶、黄茶、普洱茶等，水则是京郊玉泉山之山泉。

奶茶的饮用习惯源于北方游牧民族，因长期大量食肉，缺乏蔬菜，茶可帮助消化、丰富营养结构，于是逐渐养成了饮用奶茶的日常习惯。入主中原的满族人延续了先人习俗，奶茶成为宫廷茶事的重要组成部分，清宫中的奶茶也叫“奶子茶”，是满族的传统饮品。

其制作时在取奶、选茶、配器、用水等方面有诸多的讲究，熬制时将配料按一定比例炒制、熬煮，最终的成品奶茶味道醇香浓郁，营养丰富。

其配套的奶茶器具也丰富多样，宫中熬制、运输、盛放和储存奶茶的用具主要包括奶茶桶（又称“多穆壶”）、奶茶壶和奶茶碗三类。精美的奶茶用器和醇香的奶茶一道构成了清代宫廷独特的奶茶文化。

清宫奶茶不仅在清代宫廷中流行，还对现代奶茶文化产生了深远影响。现代奶茶的制作方法和配料虽有所变化，但其核心理念仍与清宫奶茶一脉相承。

清 乾隆
铜胎掐丝珐琅勾莲纹多穆壶
北京故宫博物院藏

清 乾隆
仿拉古里木纹釉瓷多穆壶
北京故宫博物院藏

清 乾隆
包金银奶茶壶
仿扎卜扎雅木纹釉金里瓷碗
银累丝奶茶碗
北京故宫博物院藏

（二） 异彩纷呈的各色茶器

清代饮茶方式沿袭明代，以茶叶冲泡清饮为主。相较于前代，清代茶具的材质更加丰富，釉色与品种也更多样化，除青花和各种颜色釉外，又增加了粉彩、珐琅彩等新品种。

· 茶壶、茶碗见风雅

清代，紫砂茶具迎来新的创作高峰。尤其是嘉庆、道光之后，文人雅士相继加入制壶行列，大大提高了紫砂茶具的人文内涵。他们以紫砂为载体，发挥其诗、书、画、印等方面的才情，为后人留下了不少精美的紫砂艺术品。

清晚期
紫砂树瘿式壶
北京故宫博物院藏

清
紫砂『曼生』款铭刻茶壶
北京故宫博物院藏

画珐琅开光山水花鸟图八棱提梁壶，高提梁，提梁中央嵌有金星玻璃。曲流，三弯腿架，架内置油壶，用以燃烧加温。器表随形做大开光八个，内彩绘各异的山水和花鸟图各四幅，相间排列。盖和颈饰黄地缠枝花卉纹。在画珐琅的装饰之外全部鎏金，且金水浓厚。壶底、盒底均署“乾隆年制”款。此壶造型玲珑别致，装饰纹图为传统的山水、花鸟，具有宫廷风格，是一件融东西方文化于一体的工艺杰作，是精品中的精品。此壶的器形和铜胎画珐琅的装饰工艺均来自欧洲,是乾隆皇帝将外来技法和器物改进并应用于饮茶的实证。

粉彩开光人物茶壶壶身以米红色凤尾锦粉彩团花为地，正、背面各有一开光。正面开光内以“雨中烹茶”为纹饰主题，用清淡的粉彩描绘出人物在庭院中烹茶的情景；背面开光内题墨书御制诗一首，壶盖与底均有描金。壶底中心署青花篆书“大清乾隆年制”。纹饰将器、诗、书、画、印融为一体，从这件官窑茶壶中可体会多重的视觉享受和艺术情趣。

乾隆款
画珐琅开光山水花鸟图八棱提梁壶
北京故宫博物院藏

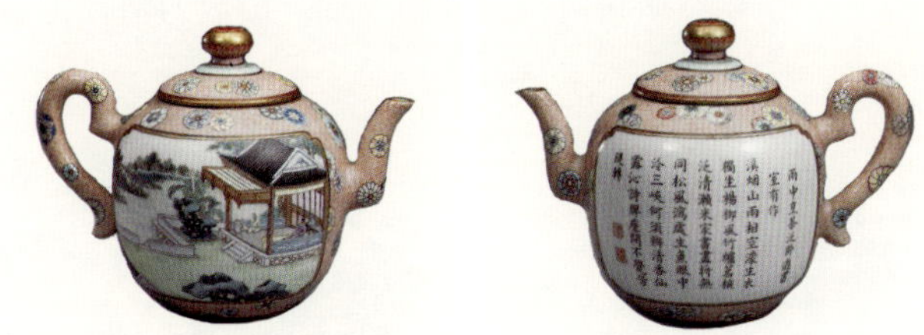

清乾隆
粉彩开光人物茶壶
北京故宫博物院藏

汉代已有盏托，唐宋时期颇为流行。明代，盏托演变为舟形，由此得名“茶舟”或“茶船”。清代茶船蔚为风尚，形制各异，有舟形、元宝形、海棠花形、十字花形等，材质则有陶瓷、漆木、锡银等，异彩纷呈。

清乾隆 青花莲瓣纹碗
清 银『储秀宫茶房』款茶船
北京故宫博物院藏

· 极具特色的清盖碗

唐碗、宋盏、明壶、清盖碗。清代茶具从形制上讲，除茶壶和茶杯以外，盖碗是一大特色。盖碗一般由盖、碗、托三部分组成，象征着“天、地、人”三才，反映了中国古老的哲学观。也有些盖碗仅有盖和碗两部分。作为茶具的盖碗在明末清初时开始出现，后成为清代主要的茶器。

清
嘉庆款青花诗画盖碗
沈阳故宫博物院藏

清乾隆
青花题乾隆御制《三清茶》诗盖碗
北京故宫博物院藏

清乾隆
粉地轧道粉彩缠枝莲方夔纹盖碗
北京故宫博物院藏

（三） 茶著中的茶文化

清代茶著主要是对前人茶文化的继承和发展。

陈鉴1655年撰《虎邱茶经注补》一卷，此书专为虎邱茶而写。

刘源长1669年前后撰《茶史》二卷，篇首有各著述家及陆羽和卢仝事迹，书中内容大都杂引古书。

清余怀1677年左右撰《茶史补》一卷，书中内容也大都杂引古书。

蔡方炳1680年前后撰《历代茶榷志》一卷。

冒襄1683年撰《岕茶汇钞》，其中约三分之一取材于冯可宾《岕茶笺》。

陆廷灿1734年撰《续茶经》三卷附录一卷，其内容把多种古书的有关资料，摘要分录，颇切实用，正所谓“纵览补辑，传承有功”。

这些茶书大多是对前代茶叶生产、品饮的记录和汇编，虽然创新不多，但提供了丰富的历史资料和参考价值，也在茶文化传承中起到了重要作用。

《儒林外史》中包含大量饮茶场景。其中描绘了用铅壶煮苦丁茶的饮茶方式。清代，随着饮茶的普及，饮茶场景成为杂剧、戏曲、小说等文学作品中的重要内容。

《种茶说略》文字通俗易懂，在当时很好地起到了劝导农民栽培茶树的作

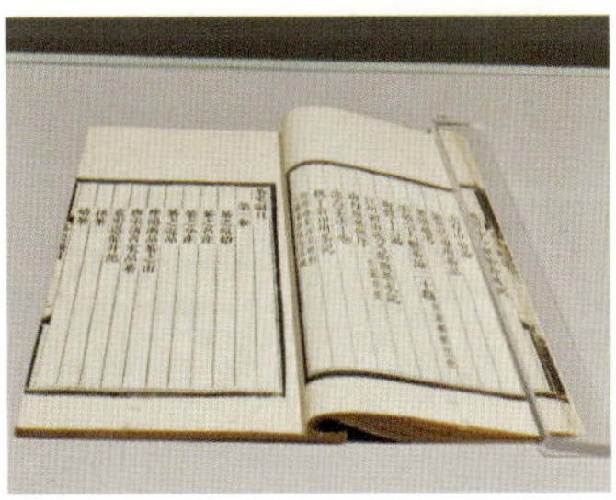

清 康熙十四年至十七年《茶史》刻本 刘源长撰 陆求可订 国家图书馆藏

用，时至今日仍有实用价值。宗景藩经实地走访，总结出种茶十法，对茶树种植、茶园管理、茶叶采摘、茶叶焙制等技术进行了详细介绍。

《钦定古今图书集成》中设有“茶部”，收录了早期文献中关于茶的各种论述，内容包括茶部汇考、茶部艺文、茶部选句、茶部杂录、茶部纪事、茶部外编等，是研究茶文化的重要资料，也是早期茶被称为“茶”的文献证据。

18世纪，英国人将茶叶种植技术引进印度、斯里兰卡等地。清光绪三十一年，江苏道员、宁波慈溪人郑世璜，赴印度、锡兰考察茶业。《乙巳考察印锡茶土日记》即为其考察日记，主要介绍印度、斯里兰卡的茶叶种植情况。

清朝种植技术创新算是对茶文化的一个重要贡献，农学家江志伊所著的《种茶法》是一部专门讲述种茶技术的专著。江志伊是安徽人，安徽也是著名的茶叶产区。

《种茶法》共十二个专题，系统介绍了适宜种茶的地形、土质，记录了茶籽采制与播种的时间以及良种的选择与贮藏，讲述了十几种害虫及灭虫的方法、传统采茶方法，甚至包括种茶利润的计算等，还介绍传统手工烘制方法，专门介绍“制拌花茶法”“制莲花茶法”两种花茶的制法以及红茶的制作方法。该书是研究清代茶文化发展的重要参考资料，在中国茶学史上具有重要地位。

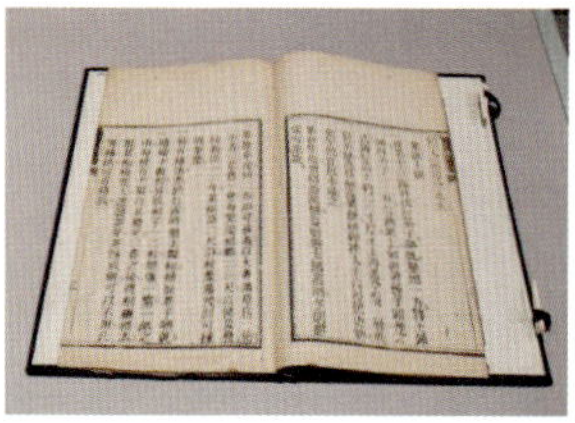

清同治十年
《种茶说略》刻本
宗景藩著

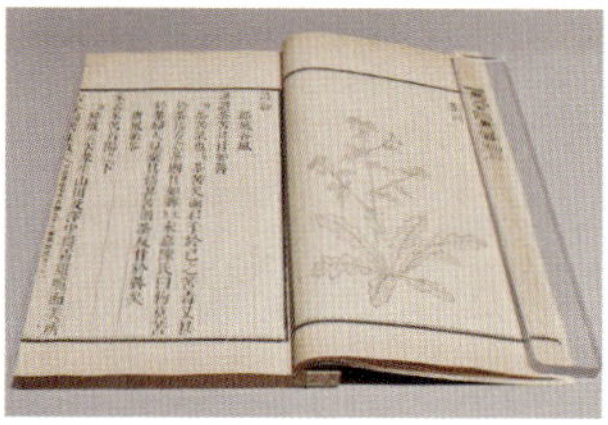

清雍正六年
《钦定古今图书集成》
茶部铜活字刻本
陈梦雷、蒋廷锡编纂

清光绪刻本
《乙巳考察印锡茶土日记》
郑世璜撰
中国国家图书馆藏

(四) # 画作中的茶趣

清代，茶不仅是文人雅士生活中不可或缺的饮品，更成为艺术创作中的重要题材。通过细腻的笔触和生动的构图，将茶文化的韵味与雅趣融入画作之中，为后世留下了很多艺术精品。清代画作中的茶趣不仅展现了茶文化的深厚底蕴和独特魅力，还反映了文人士大夫的生活情趣和精神追求。这些画作不仅是艺术创作的瑰宝，更是我们了解清代社会文化和历史风貌的重要途径。

《斗茶图轴》主要描绘了文人雅士在庭院中斗茶的情景。有的手持茶具，有的正在品茶，侍童在旁准备茶水，画面氛围悠然。

清 严泓曾绘《斗茶图轴》北京故宫博物院藏

《弘历岁朝行乐图》描绘了农历春节时，弘历父子尽享天伦之乐的情景。图中阴暗的天空下，瑞雪初止，苍松翠竹在白雪的映衬下更显绿意盎然。端坐在廊下椅上的弘历，手持玩具，逗弄怀里一位年幼的皇子，目光慈祥，神态安然。廊前清脆的爆竹声，为节日平添了浓浓的喜庆气氛。嬉闹玩耍的皇子们与恭顺肃立于他背后执扇的宫娥动静结合，共同烘托出宁静祥和、其乐融融的温情场面。回廊下角落里的架上摆放着全套的品茗器具，十分精美。

清
《弘历岁朝行乐图》
佚名绘
北京故宫博物院藏

《玉川煎茶图页》表现了唐代著名诗人卢仝煎茶的场景。“玉川煎茶”是经久不衰的绘画题材之一。本册页为“扬州八怪”之一的金农七十三岁时所绘，根据自题可知临自宋画。

耕织图是古代为劝课农桑而绘制的系列图谱。《胤禛耕织图册·持穗》主要人物为胤禛及其福晋等人。此画描绘农夫装扮的胤禛带领众人在稻场持穗，俗称“打稻子”。一小童用茶壶向盏中倒茶，方便众人于劳作间隙时饮茶，反映了当时饮茶已经进入乡间的耕织生活。

清乾隆二十四年
《玉川煎茶图页》
金农绘
北京故宫博物院藏

清
《胤禛耕织图册·持穗》
佚名绘
北京故宫博物院藏

（五）

茶馆的市井百态

清代茶叶的内销及外销都达到历史上的最高水平，各地茶馆林立，民间喝茶更加普遍，茶真正走向世俗化，由此社会对茶馆的需求也大大提高。茶馆的发展，展示了一个时代的经济、社会、文化的发展状况。

清代茶馆文化、茶俗文化取代了前代以文士主导茶文化发展的状况，茶文化深入市井，走向世俗，对文化影响深远。茶馆与酒楼、饭馆、戏园甚至府衙比邻，又分布在各个胡同，出现了为不同人群服务的特色茶馆。

茶馆的分类

清茶馆：专供商人洽谈生意，提供安静的交流环境。

书茶馆：表演曲艺说唱，成为民间艺术的汇聚地。

野茶馆：开在郊外、古道旁、名胜古迹，为过往行人提供休憩之所。

棋茶馆：供茶客下棋，成为棋艺爱好者交流的场所。

饭茶馆：兼卖满汉茶点或荤素熟食，满足人们的饮食需求。

清代是继宋之后中国茶馆文化的第二个兴盛期。京剧大师梅兰芳在他的《舞台生活四十年》中讲道："最早的戏馆统称茶园，是朋友聚会喝茶谈话的地方，看戏不过是附带性质………当年的戏馆不卖门票，只收茶钱，听戏的刚进园子，看座的就忙过来招呼了，先替他找好座位儿，再顺手给他铺上一个蓝布垫子，很快地沏来一壶香片茶，最后才递给他一张也不过两个火柴盒这么大的薄黄纸条，这就是那个时期的戏单。"可见清代茶馆扮演着承接、汇集的重要角色。

据《北京史》记载,清末仅北京外城就有茶馆两百余家。《清末北京外城商户调查表》显示，光绪三十二年（1906年），今天的前门外大街、宣武门、广安门及崇文门一带就分布着六十余家茶馆。清朝京城最受欢迎的当数花茶，旗人福格的《听雨丛谈》一文写道：“今京师人又喜以兰蕙、茉莉、玫瑰薰袭成芬者，渐亦遍于海内；惟吴越专尚新茶，不嗜花薰，固是出产之地易得嫩叶耳。”花茶中，茉莉花茶最受旗人的青睐，也成为清朝北京茶馆的特色茶品，以至今天依然是老北京人的情有独钟。

一城居民半茶客。川蜀茶馆是中国饮茶风俗及茶馆文化的特色代表之一。在川蜀地区，茶馆也称为茶铺，它不仅是人们休闲小憩，摆“龙门阵”的去处，旧时也是吃茶讲理、解决纠纷、消释前嫌的断案场所，是当地居民重要的公共空间。晚清知县周询曾提到：“茶社无街无之，然俱当街设桌，每桌四方各置板凳一，无雅座，无楼房，且无倚凳，故官绅中无人饮者。”20世纪初，川蜀一带的茶馆开始使用矮方木桌和竹椅。川蜀茶馆多用铜茶壶、锡杯托、瓷盖碗、沱茶或花茶。当地茶馆中茶博士的掺茶技巧堪称一绝，也是川蜀茶馆中一道独特的风景。

第十章 融茶于生活的当代

一叶知匠心：国韵·茶

非遗文化“守艺者”

张金发 -

非遗文化“传艺人”

谢四十 -

林振传 -

易琼辉 -

王顺明 -

王　昶 -

刘杏益 -

李兴昌 -

孙丹威 -

非遗文化

孙丹威

国家级非物质文化遗产项目
花茶制作技艺（吴裕泰茉莉花茶制作技艺）
代表性传承人

（一） 翠峰云雾绕，谢家茶韵长——黄山毛峰

· 岁月——老谢家黄山毛峰的传承与匠心

谢氏家谱记载，隋朝隋文帝仁寿元年（601年），谢氏一世祖谢彦俊，迁居古歙州歙西中鹄乡，以谢氏命名居地为“谢村”，带领家人开始开山种茶制茶，并以谢氏为茶号卖茶，从此诞生了“老谢家茶”。

宋代建炎二年（1128年），老谢家茶第21代传人谢玘，迁居气候湿润的古歙州歙北黄山漕溪（现富溪）定居，继承祖业开山种茶、制茶，并且首创了一种“炒茶、揉茶、焙茶”的制茶技艺制作“烘青”绿茶。此技艺就是把采摘的

黄山徽茶文化博物馆

鲜叶摊凉后，烧五桶锅（锅名）单手翻炒，然后在青石揉床上用双手抱茶揉成条形，再用竹篾编制的烘笼和焙烘采用炭火焙干，被称为“谢氏炒焙法”。从此，在古歙州就开辟了史上制作烘青绿茶的新径，淘汰了自隋朝以来古歙州制作团茶饼茶的历史，这也就是黄山毛峰的初创技艺。

明代隆庆年间（1567—1572年），老谢家茶第35代传人谢赐太，传承了“谢氏炒焙法”的烘青绿茶制作技艺，带领家人采摘高山云雾间茶树生长的鲜嫩芽叶，烧五桶铁锅炒茶，经青石揉盘揉茶、竹笼焙烘内置炭火烘干制成，并取名为“黄山云雾”茶。

清代道光八年（1828年），老谢家茶第44代传人谢修绵，带领家人在石排尖一带高山茶丛中选摘芽头肥壮的一芽一二叶的鲜嫩芽叶，烧旺火翻炒后，在青石揉盘上用轻微的力道揉成细细的、保持芽头完整的条索形状，再用竹笼焙烘，采用炭火初烘和打老火提香技艺精细制作，然后用竹篾包箬叶棕毛编制的茶篓密封盛装。该茶因鲜叶采摘和做茶技艺都优于“黄山云雾”茶制法，便取名为“上品熙春”茶。此茶上市后，在传承谢氏炒焙法的基础上，谢修绵又创新了一种“三道炒茶”“三道揉茶”“三道烘茶”的绿茶制作技艺。由于该技艺制作的干茶芽尖有锋苗、披身显毫、产地在黄山，被谢氏族人称为“黄山毛峰”茶。

民国老谢家茶茶庄员工合影照（前排左二老谢家茶第46代传承人谢洪范）

民国三年（1914年），老谢家茶第46代传人谢洪范，将老谢家茶祖上创制与传承的“谢氏炒焙法”和“毛峰制作技艺”，编撰成“谢氏家传秘笈”，供谢氏族人传授做茶。

由此，居住在原歙县黄山一带的富溪、洽舍、杨村、汤口四个乡镇的谢氏族人，就广而泛之地选用高山上黄山大叶群体种茶树的鲜嫩芽叶，传承谢氏家传秘笈的传统技艺制作黄山毛峰茶。

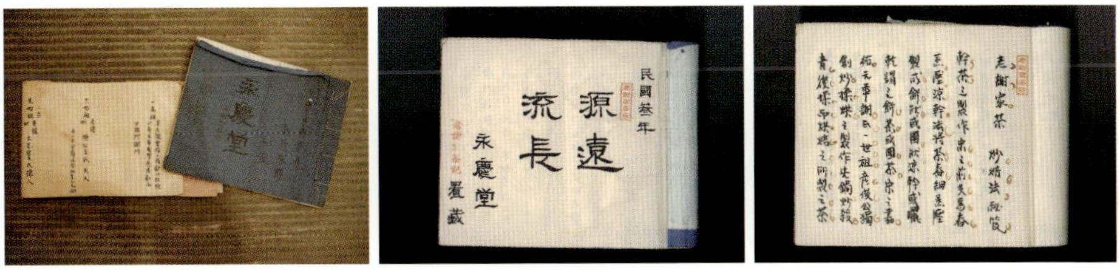

民国三年『谢氏家传秘笈』

· 勋章——承续辉煌的黄山毛峰

新中国成立后，老谢家茶赓续传承，始终遵循“诚实做人、信用做茶”的家训，一代接着一代传承坚守，做一杯正宗好喝的茶。

1955年，黄山毛峰被评为“中国十大名茶”。

1982年，黄山毛峰荣获商业部“名茶”称号。

1986年，黄山毛峰荣获全国名茶桂冠，被外交部选定为“礼品茶”。

2007年3月，在俄罗斯“中国年”开幕式活动中，原国家主席胡锦涛赠送普京总统国礼茶瓷罐装的就是黄山毛峰茶。

2007年11月，谢四十传承祖传技艺制作的“老谢家茶”黄山毛峰，在第一届世界绿茶（日本）评比中荣获“金奖”。

2008年6月，黄山毛峰传统制作技艺被国务院批准文化部确定为“第二批国家级非物质文化遗产保护名录”中的代表性项目，予以活态保护。

国家级非物质文化遗产黄山毛峰传承示范基地

2009年6月，老谢家茶第49代传人谢四十，被评为“国家级非物质文化遗产项目绿茶制作技艺（黄山毛峰）代表性传承人”。

2010年6月，国家级传承人谢四十携“老谢家茶”黄山毛峰，代表安徽名茶在上海世博会向世人展示。

2014年12月，“老谢家茶”被评为中国驰名商标。

2017年，谢四十传承祖传技艺制作的“老谢家茶”黄山毛峰，被魅力中国“国家方志馆”收藏展览。

2022年11月，绿茶制作技艺（黄山毛峰制作技艺）作为“中国传统制茶技艺及其相关习俗”被列入联合国教科文组织“人类非物质文化遗产代表作名录”。

2023年，谢四十传承祖传技艺制作的“老谢家茶”黄山毛峰被“中国大运河非物质文化遗产展示馆”收藏展览。

2024年3月，老谢家茶第50代传人谢锋，被评为“省级非物质文化遗产黄山毛峰制作技艺代表性传承人”。

谢四十『国家级非物质文化遗产项目绿茶制作技艺（黄山毛峰）代表性传承人』证书

· 新篇——黄山毛峰经典技艺与创新风味的味蕾探索

现在国家保护的非遗黄山毛峰传统制作技艺，实际上就是老谢家茶第44代传人谢修绵，在清代道光八年（1828年）创制的三道炒茶、三道揉茶、三道烘茶黄山毛峰传统制作技艺。

传统技艺示范

示范者： 国家级非物质文化遗产项目绿茶制作技艺（黄山毛峰）代表性传承人谢四十

三道炒茶： 采用炉灶用柴火烧五桶铁锅，将锅温先后烧至从高温到低温三道不同的温度进行炒茶。

第一道采用高温快炒。

在炉灶内用柴火烧成旺火，将锅底烧至有点泛红，然后将茶鲜叶下锅用单手翻炒。下锅后一般听到有像炒芝麻叭叭的响声，锅温就比较合适。用高温快速炒去茶鲜叶表面的水分，同时炒去茶鲜叶的青草气味。将茶鲜叶炒至叶面失去光泽，这时就达到了高温快炒的火候。

鲜叶

→

高温快炒后

中温慢炒
叶面柔软的茶

第二道采用中温慢炒。

当第一道高温将茶鲜叶炒至叶面失去光泽时，在炉灶内退去一点柴火，将锅温的高温降至中温连续慢炒。用中温缓慢地炒去茶鲜叶表层的水分，同时炒提出茶鲜叶表层的香气。将茶鲜叶炒至手感叶面有些柔软，这时就达到了中温慢炒的火候。

低温炒香
叶边干燥的茶

第三道采用低温炒香。

当第二道中温将茶鲜叶炒至叶面柔软时，在炉灶内再次退去一点柴火，将锅温的中温降至低温，再连续慢慢地翻炒。用低温慢慢地炒去茶鲜叶深层的水分，同时炒提出茶鲜叶深层的香气。将茶鲜叶炒至手感叶边有点干燥，这时就达到了低温炒香的火候，同时也就完成了三道炒茶。

三道揉茶：采用青石揉床进行双手抱茶揉捻，先后分别采用轻、重、轻三道不同的力度进行揉茶。

轻揉雏形的茶

第一道采用轻揉。

将炒好的茶叶置于青石揉床上，用双手抱茶轻轻缓慢地顺时针或左右开弓交叉揉捻。将片状的茶叶揉成雏形，然后松开双手弯曲十指，用双手抱茶腾空、同时双手十指用力将成团的茶叶反复叉抖均匀散开后，继续抱茶揉捻。

重揉成条的茶

第二道采用重揉。

将第一道轻揉抖散开的茶叶，继续用双手抱茶加力重揉，揉破茶叶表面的角质层，同时将茶叶揉至成条的形状，这就达到了重揉的火候。然后松开双手，将成团的茶叶抖散开后继续抱茶揉捻。

再轻揉固定茶形的茶

第三道采用再轻柔。

将第二道重揉抖散开的茶叶，继续用双手抱茶缓减力度再次慢慢地轻揉，揉至固定茶叶成条的形状，再将成团的茶叶抖散开进行下一道烘焙。

三道烘茶：采用竹烘笼、焙烘和炭火，按炭火温度由高到低的顺序，依次进行三道烘茶工序。一般一口炒茶锅，配三套竹烘笼和焙烘，用炭火烘茶。

高温快烘的茶

第一道采用高温快烘。

将揉捻好抖开的茶叶均匀地撒摊在焙烘上，用划火棒拨去覆盖在炭火上面的炭灰，显露炭火，利用炭火的高温快速烘去茶叶表面的水分，同时烘提出茶叶的鲜灵气味。将茶叶烘至色泽有点干枯时，就达到了高温快烘的火候。

中温慢烘的茶

第二道采用中温慢烘。

当第一道高温快烘的茶叶色泽有点干枯时，用划火棒拨动炭灰，将炭火盖上一层薄薄的炭灰，将炭火的高温降至中温，采用中温缓慢地烘去茶叶表层的水分，同时烘提出茶叶表层的醇厚气味。将茶叶烘至叶边有点干燥时，就达到了中温慢烘的火候。

低温提香的茶

第三道采用低温打老火提香。

先将中温烘好的茶叶下烘倒入簸箩摊晾，待茶叶自然均匀回潮后，将第二道三至五烘中温慢烘摊晾的茶叶并为一烘，用划火棒拨动炭灰，将炭火覆盖一层厚厚的炭灰，将炭火的中温降至低温，再采用低温慢慢地烘去茶叶内在的水分，从而进一步烘提出茶叶内在馥郁的醇厚气味。

将茶叶烘至用大拇指与食指用力对压，能够将茶叶全部压碎时，就达到了低温打老火提香的火候，同时也就完成了三道烘茶。

在三道烘茶的过程中，要及时翻烘。每当贴着焙烘面的茶叶有点干燥时，就要立即翻烘。

翻烘就是将炭火烘笼上的焙烘端到簸箩上，用双手抓住焙烘上沿的左右两侧，然后双手依次分别用力颠动焙烘、振动焙烘面上的茶叶，再用双手同时用力颠动焙烘前部往胸前上扬、将焙烘面上的茶叶往胸前归集，再用双手将焙烘面上还有未归集散落的茶叶全部收拢归集，然后弯曲十指用双手抱茶腾空、用力反复叉抖茶叶，将焙烘面上干湿不一的茶叶叉抖混合均匀后，再将茶叶均匀地撒摊在焙烘上继续烘干。

老谢家茶这种祖传的三道炒茶、三道揉茶、三道烘茶黄山毛峰传统制作技艺，自清代创制一直传承到今天，老谢家人就是这样一代接着一代地在始终坚守传承祖传的技艺、制作老谢家茶黄山毛峰茶。

传统技艺的创新

老谢家茶第49代传人谢四十，在传承祖传黄山毛峰传统制作技艺的同时，还在不断地创新技艺，现如今已经创新增添了六道独特的精挑细选分级技艺，大幅提升了黄山毛峰的产品质量。

第一道创新采用筛选分级技艺。

将传承传统经典技艺制作好的黄山毛峰初制干茶，在黄山毛峰生产流水线上连续输送到筛选分级机上，采用筛选分级的技艺剔去一些较大的浪头茶和较小的碎茶。

第二道创新采用风选分级技艺。

将第一道筛选分级好的黄山毛峰茶，连续输送到风选分级机上，采用风选分级的技艺剔去一些茶片和较轻、较重的杂质。

第三道创新采用机选分级技艺。

将第二道风选分级好的黄山毛峰茶，连续链接输送到机选分级机上，采用机选分级的技艺再次剔去一些较大和较小的茶。

第四道创新采用色选分级技艺。

将第三道机选分级好的黄山毛峰茶输送到色选机上，采用色选机多功能的全光谱分析技术、鹰眼识别技术、智能形选技术，再一次剔去不标准的茶。

第五道采用传统人工分级技艺。

将第四道色选分级好的黄山毛峰茶，再由专业的挑茶技师人工精挑细选，剔去不标准的茶。

第六道创新采用再风选分级技艺。

将第五道人工挑选好的黄山毛峰茶，再次采用风选分级的技艺，剔去在机选、色选和人工三道精选过程中产生的碎茶。通过这六道创新精挑细选的技艺，才能挑选出成品的老谢家茶黄山毛峰茶。

老谢家茶传承三道炒茶、三道揉茶、三道烘茶和创新六道精挑细选的技艺，需要采摘七八斤茶鲜叶，才能制作挑选出一斤成品的老谢家茶黄山毛峰茶。

· 品鉴——黄山毛峰原料与品质特点

制作正宗的黄山毛峰茶，需要挑选采摘以富溪乡为核心及周边乡镇高山上生长的黄山大叶群体种茶树的鲜嫩芽叶。因此，富溪乡被誉为黄山毛峰的原产地和核心产区，这里也是老谢家茶黄山毛峰的生产基地。

生产基地位于北纬30度，属亚热带季风气候，气候温和、四季分明、早晚温差大。域内山峰陡峭、崇山峻岭，高山与低山的海拔落差达千米，森林覆盖率达95%以上。茶树都是零零星星地分散生长在群山叠翠的林海之中，长年受到山花芬芳气息的熏陶。每座山峰上都有众多泉眼涌出的山泉水，汇聚成山涧溪流，形成了早晚漫山云雾缭绕的景象。这些充沛的雨水、山涧水和雾气，以及极佳的自然生态气候，共同孕育了原生的黄山大叶群体种茶树。

生产基地茶山的土壤以黄红壤为主，土层深度在50厘米以上，质地疏松，吸水透气性好。土壤相对含水率极高，土质偏酸性，富含硒元素和多种矿物质。这种独特优质的黄红壤，使黄山毛峰茶富含多种有益人体健康的营养物质。

生产基地得天独厚的生态环境、小气候和黄红壤，滋润了黄山大叶群体种

黄山毛峰产茶基地

茶树鲜嫩芽叶的生长。黄山大叶群体种茶树的鲜嫩芽叶，芽头肥壮、叶大厚实、嫩茎粗长、色泽嫩黄的特点，含有丰富的营养物质和芳香物质，成就了黄山毛峰独特的品质。

正宗的黄山毛峰茶，就是挑选这里的黄山大叶群体种茶树的鲜嫩芽叶为原料，融合黄山毛峰的传统制作技艺精心制作而成的。

黄山毛峰等级标准

特级一等黄山毛峰

一般在清明前的3月20日前后开园采摘。

开园采摘时，在众多的茶山上漫山寻找黄山大叶群体种茶树刚刚长出的鲜嫩顶芽，采用黄山毛峰的传统经典技艺精心制作、精挑细选而成。

品质特色：形似雀舌，锋显毫露，芽头匀整有爆点，色如象牙，清香高雅，汤色清澈微黄，滋味鲜醇回甘，叶底嫩黄鲜亮。

干茶

冲泡

叶底

特级二等黄山毛峰

一般在清明期间，挑选采摘黄山大叶群体种茶树一芽二叶初展的鲜嫩芽叶，采用黄山毛峰的传统经典技艺精心制作、精挑细选而成。

品质特色：芽叶较匀整有爆点，披身显毫，色泽偏黄，茶香馥郁，汤色清澈微黄，滋味鲜醇悠长，叶底嫩黄明亮。

干茶

冲泡

叶底

特级三等黄山毛峰

一般在清明后，挑选采摘黄山大叶群体种茶树一芽二叶以及少许三叶初展的鲜嫩芽叶，采用黄山毛峰的传统经典技艺精心制作、精挑细选而成。

品质特色：芽叶略卷有爆点，披身显毫，色泽偏黄间绿，茶香馥郁，汤色清澈微黄，滋味鲜醇悠长，叶底嫩黄匀亮。

干茶

冲泡

叶底

一级黄山毛峰

一般在谷雨前，挑选采摘黄山大叶群体种茶树一芽二三叶初展少许嫩茎的鲜嫩芽叶，采用黄山毛峰的传统经典技艺精心制作、精挑细选而成。

品质特色：外形紧结芽尖有毫，色泽墨绿，茶香馥郁，汤色清澈微黄，滋味醇厚持久，叶底嫩黄显亮。

干茶

冲泡

叶底

二、三级黄山毛峰

一般在谷雨后，挑选采摘黄山大叶群体种茶树一芽二三叶以及叶面肥大嫩茎较长的鲜嫩芽叶，采用黄山毛峰的传统经典技艺精心制作、精挑细选而成。

品质特色：外形结实少有芽尖，色泽墨绿，茶香馥郁，汤色清澈微黄，滋味醇厚持久，叶底偏黄间绿。

干茶

冲泡

叶底

（二） 太姥山上雪白毫，福鼎林氏造茶洋——福鼎白茶

· 岁月——鸿雪洞口白茶母树见证百年茶事

唐代陆羽《茶经》中首次出现了白茶产地。《茶经·七之事》中有记载：“永嘉县东三百里有白茶山。”永嘉县现归温州市管辖。

宋徽宗的《大观茶论》记载：“白茶自为一种，与常茶不同，其条敷阐，其叶莹薄。崖林之间，偶然生出，虽非人力所可致。有者不过四五家，生者不过一二株，所造止于二三胯而已。芽英不多，尤难蒸焙，汤火一失，则已变而为常品。须制造精微，运度得宜，则表里昭彻，如玉之在璞，它无与伦也。”宋徽宗在文中称白茶是茶中之精品，群臣自然奉和，于是一时白茶盛行。熊蕃《宣和北苑贡茶录》中也有记载：“至大观初，今上亲制茶论二十篇，以白茶与常茶不同，偶然生出，非人力可致，于是白茶遂为第一。”但这时的白茶，是指经过蒸、压、造型而成的团茶。

明代田艺蘅所著的《煮泉小品》中说：“芽茶，以火作者为次，生晒者为上，亦更近自然，且断烟火气耳。况作人手器不洁，火候失宜，皆能损其香色也。

生晒茶瀹之瓯中，则旗枪舒畅，清翠鲜明，尤为可爱。”闻龙在《茶笺》中进一步追述“田子艺以生晒不炒不揉者为佳，亦未之试耳”。明代这种“生晒不炒不揉”的制茶方法，更接近于现在的白茶制法。

明代谢肇淛所著《太姥山志》是现存最早有关太姥山的一部专志。谢肇淛于万历二十年（1592年）中进士，曾任广西布政使，亦是当时闽派诗人的代表。他于万历三十七年(1609年)，应福宁知州胡尔慥之邀而纂成此志。志中有关当地茶的记载：“太姥洋在太姥山下，西接长蛇岭，居民数十家，皆以种茶樵苏为生。白箬庵……在摩霄峰背，有径路可达……凡五里许始至；前后百亩皆茶园。”这段记载说明太姥山地区在明代有较大规模的茶园，当地居民以种茶为生。其诗《芝山日新上人自长溪归惠太姥霍童二茗赋谢（四首）》中与太姥山茶有关的一首写道：“白绢斜封各品题，嫩知太姥大支提。沙弥剥啄客惊起，两阵春风扑马蹄。”描绘了太姥山茶的珍贵以及诗人收到茶后的欣喜之情。

清代文学家周亮工在《赖古堂集》中写入十首“闽茶曲”，其中诗云：“太姥声高绿雪芽，洞山新泛海天槎。茗禅过岭全平等，义酒应教伴义茶。”太姥山的“绿雪芽”，芽叶如雪般晶莹碧透，因此得名“绿雪芽茶”，它便是福鼎白茶的始祖。咸丰七年，福鼎点头柏柳村的陈焕、张吓钦将“绿雪芽”从山上移植到山下繁殖，光绪元年（1875年）由周开陈再移植、传播到黄岗。而这“绿雪芽”就是现今福鼎白茶的母树。

民国时期，卓剑舟在《太姥山全志》中记述：“绿雪芽，今呼为白毫，香色俱绝，而尤以鸿雪洞产者为最。性寒凉，功同犀角，为麻疹圣药。运销国外，价与金埒。”这段文字突出了“绿雪芽”的珍贵及药用功能，因成制品芽头肥壮，满披白毫，如银似雪而又被称作白毫。而现今的白毫银针是白茶的主要品种之一。

民国廿八年（1939年），当时实行茶叶统制，购买毛茶须携带营业许可证，经登记的茶商、茶号得到贷款后，以预购定金的形式发给茶贩，而茶农生产的茶叶必须卖给商号，商号则按当时省茶业管理局核定的茶类准制箱数进行产制。

销售经营受到茶业管理局的严格监管。民国政府对福鼎茶企进行登记，在福鼎档案馆中可以查到当时共98家茶行，有“双春隆”“合茂智”“恒春祥”“广泰”“林鹤记”“公益成”“福泰兴”“福德兴”等，而且每家都有1000～6000两白银不等的注册资本金，这些茶行对于当时的茶叶贸易起到非常重要的作用。

如今白茶手艺重要的传承家族林氏家族，是安溪林姓制茶世家于明末时，因闽南战事频繁，寻址迁居过来的。定居后的林家因茶与翠郊吴姓、棠园邵姓当地两大制茶世家联姻，融入到了福鼎白茶黄金带的植、制行列中，在今天的翠郊和棠园之间，俗称“七斗坪”的地方，经过林家几代人的努力，把这里的一座座荒山开辟成一片片茶园。“七斗坪”也因此改称为“茶洋里”。他们为福鼎白茶现今的繁荣打下了坚实的基础。

如今，珍贵的福鼎白茶始祖“母树”仍在鸿雪洞口生长着，福鼎白茶的故事也还在继续。

· 勋章——白茶的现代化发展之路

新中国成立后，中茶公司在福鼎设置福鼎茶厂，下设两个初制厂，分别是白琳初制厂和湖林初制厂。每个产茶乡镇再设立茶叶收购站，作为茶叶的收购点，按国家计划生产茶叶，统购统销，由福建省外贸或其他省外贸公司进行销售。

福建品品香茶业有限公司现址

20世纪60年代，为占领香港白茶市场，白琳茶厂被省外贸确定为独家制作白茶的加工厂，研制开发了“新工艺白茶”，新白茶大批销往新加坡、马来西亚、泰国等地。

1992年，林氏家族第12代嫡传林振传创立品品香茶厂。

1993年，因国家经济转轨，白琳茶厂宣告破产，但也完成了白茶制作工艺的传承和创新的历史使命。其“新白茶工艺”被编入《中国茶经》，成为高等教育的教材，也成为福鼎白茶史上的光辉篇章。

2005年12月，福建品品香茶业有限公司被农业部评为全国农产品加工示范企业。2011年5月，由国务院公布，文化部颁发，白茶制作技艺（福鼎白茶制作技艺）被列入第三批国家级非物质文化遗产保护名录（保护单位：福鼎市茶业协会）。2012年，为提升白茶的香气和滋味，创新改进并筛技术，诱发白茶的自然香气，林振传研发出花香白牡丹工艺技术，取得国家发明专利。2015年，林振传带领团队研创LED光源复合萎凋生产线。为攻克白茶精制工艺技术落后、低效等问题，自主研发自动化白茶精制生产流水线，累计获国家授权发明专利13项，实用新型专利71项，外观设计专利23项，并将这些技术成果在行业共享，助推白茶产业迈向自动化、标准化发展之路。2020年12月，福建品品香茶业有限公司被评为国家龙头企业。2022年11月，白茶制作技艺（福鼎白茶制作技艺），作为“中国传统制茶技艺及其相关习俗”被列入联合国教科文组织人类非物质文化遗产代表作名录。2025年3月，林振传被文化和旅游部公布为第六批“国家级非物质文化遗产代表性项目白茶制作技艺（福鼎白茶制作技艺）的代表性传承人”入选名单。

项目证书

· 赓续——福鼎白茶的独特技艺

非遗传承人林振传，承继林氏百年传统白茶工艺，又经数十载研习与探索，推陈出新，始成“开合精成”白茶工艺。

传统技艺示范

示范者：国家级非物质文化遗产白茶制作技艺（福鼎白茶制作技艺）代表性传承人　林振传

开·开青均匀

开，即开青，要求将茶鲜叶薄厚适中且均匀地摊放在竹筛上，上青量须根据竹筛实际大小和茶鲜叶的老嫩情况而定，单芽每平方米0.5～1公斤，一芽一二叶每平方米1～1.5公斤，一芽三四叶每平方米1.5～2公斤。确保开青均匀，才能进行萎凋工序。

合·合青走水

合，即合青，茶鲜叶经开青后萎凋至含水率30%～40%时，要将茶叶进行并筛，以两筛/三筛并作一筛。合青的目的，在于使茶叶均匀、缓慢地走水，不至于失水过快，保证茶叶有足够的萎凋时间。

精 • 层层精制

精，即精制，由于白茶不炒不揉，其形态自然、易断碎，因此精制环节采用竹筛，通过摇筛筛去不合格的芽叶，保留75%左右的精华茶叶。在进行这道工序操作时要特别谨慎，以避免茶叶出现断碎。

成 • 成香定韵

成，即成香，将茶叶静置于焙笼后，利用底层炭炉热力，低温慢焙。一方面是改善及稳定茶叶香气，另一方面是除去在捡剔过程中残留在茶叶表面的杂异味。

总结

“开合精成”作为传统工艺的总结与提升，每个环节都要求制茶师具有多年的经验积累，仅开青工序就需要三年左右的制茶经验才能掌握，也唯有足以把控每一环节的精湛技艺，才能成就品品香白茶的品位、质量。

· 品鉴——福鼎白茶原料与品级特点

世界白茶在中国，中国白茶在福鼎。福鼎作为世界白茶发源地、中国白茶原产地，生态环境优越，十分适合白茶茶树的生长。

福鼎地处福建省东北沿海，三面环山，一面临海，气候温暖，雨量适中。日照充足，溪流纵横，水源密布，森林覆盖率高于全省平均水平。

这里水资源丰富，流域内水质洁净，经化验检测，重金属及有害微生物细菌含量低于有机农产品环境标准。良好的生态环境，极大地保障了茶树出产茶叶的品质。

福鼎境内的土壤都十分适合种茶，有红壤、黄壤、紫色土和冲积土等。土壤肥沃，土质偏酸性，也是出好茶的根本。

而白茶地标太姥山素有“海上仙都”之称，作为国家级风景名胜区和国家地质公园，在福鼎市正南距市区四十五公里，挺立于东海之滨，三面临海，一面背山。曾经汉武帝命东方朔册封天下名山，太姥山被列为三十六名山之首。终年云雾缭绕，气候与全国其他产茶区有明显的差异。

山上青翠蔽日，山间溪涧清泉，晴日岚雾缭绕，阴天云海茫茫，常年云雾缥缈，空气质量长期居福建省前列。2011 年 7月，中央电视台《讲述》栏目来福鼎深入桐山溪、太姥山采访，制作了三集专题节目播出，介绍了当地得天独厚的生态环境，探寻讲述了白茶的生态因子。

福鼎白茶品级标准

依照茶芽叶部位，白茶分四等级：白毫银针、白牡丹、贡眉和寿眉。

白毫银针是由福鼎大白茶、福鼎大毫茶的鲜嫩肥壮单芽制成，成茶白毫满披、色白如银、挺直似针，因此得名，是白茶中最名贵的等级。

白毫银针

茶叶形态

干茶

茶汤

叶底

白牡丹选用福鼎大白茶、福鼎大毫茶的鲜嫩一芽一二叶制成，成茶芽叶连枝，呈“抱心形”，叶缘垂卷，色泽灰绿或黛绿或墨绿，银色芽毫显露，叶背满披白毫，故称“天青地白”，因冲泡后如牡丹蓓蕾初开而得名。

白牡丹

茶叶形态

干茶

茶汤

叶底

贡眉选用小叶菜茶（群体种茶树品种）的一芽二三叶为原料制成，成茶叶张细嫩，叶态紧卷、匀整，毫心细密，色泽灰绿或墨绿，持久耐泡。

贡眉

茶叶形态

干茶

茶汤

叶底

寿眉选用福鼎大白茶、福鼎大毫茶的一芽三四叶或开面茶为原料制成，成茶含少数瘦毫心，色泽黄绿带红，叶张稍粗，因形似老者眉毛而得名，是白茶中产量较高的等级。

寿眉

茶叶形态

干茶

茶汤

叶底

（三）岳阳山水育嘉茗——君山银针

· 岁月——从灉湖茶到君山银针

岳阳的茶叶历史悠久，是中国重要的茶叶产区之一。唐代岳州（今岳阳）的茶叶已经非常有名，是当时的贡品。李肇《唐国史补》记载，“风俗贵茶，茶之名品益众。……岳州有灉湖之含膏。”灉湖含膏为唐代十四个贡品名茶之一。其中还记载了唐朝使者常鲁公出使西番与赞普的对话，大意是说，其在帐篷中煮茶，赞普问道：这是什么东西？鲁公说：消除烦闷、治疗口渴，这就是茶。赞普说：我这里也有。于是让人把茶叶拿出来，用手指着说：这是寿州的茶，这是舒州的茶，这是顾渚的茶，这是蕲门的茶，这是昌明的茶，这是灉湖的茶。

晚唐诗僧齐己的《谢灉湖茶》诗中写道：“灉湖唯上贡，何以惠寻常。还是诗心苦，堪消蜡面香。碾声通一室，烹色带残阳。若有新春者，西来信勿忘。”诗中记述了“灉湖茶”是一种团茶，有蜡面香味，碾碎后冲泡出来的汤色如夕

君山御茶园

阳一般黄亮。这首诗也表达了诗人对㴩湖茶珍贵品质的赞美，同时流露出对普通百姓难以品尝到这种贡茶的遗憾。

宋代范致明《岳阳风土记》载：“灉湖诸山旧出茶，谓之灉湖茶，李肇所谓岳州灉湖之含膏也。唐人极重之，见于篇什。今人不甚种植，惟白鹤僧园有千余本，土地颇类此苑，所出茶一岁不过一二十两，土人谓之白鹤茶，味极甘香，非他处草茶可比，并茶园地色亦相类，但土人不甚植尔。”“灉湖诸山”范围覆盖今岳阳的康王、龙山、北港沿线、君山一带的茶山。这段文字反映了灉湖茶的历史变迁，从唐代的珍贵贡茶到宋代种植减少，仅在白鹤僧园有所保留，但其品质依然上乘。

宋代的岳州已成为中国著名的茶区之一。宋元之际的历史学家马端临《文献通考》的记载，岳州（今湖南岳阳）所产的茶叶品种丰富，其中包括“大小巴陵、开胜、开卷、小卷、生黄翎毛”。这时的“黄翎毛”虽然还不同于今天的黄茶，但已经具备了黄茶的雏形。

到了明代岳州茶已有黄翎毛、金膏冷的记载，据明方以智《通雅》记载：“岳州之黄翎毛，……岳阳之金膏冷，此唐宋时产茶地及名也。”

清代岳阳黄茶发展出君山茶、北港茶、龙窖山茶。《巴陵县志》载：“君山贡茶，自国朝乾隆四十六年始，每岁贡十八斤。谷雨前，知县遣人监山僧采制一旗一枪，白毛茸然，俗呼白毛尖。”

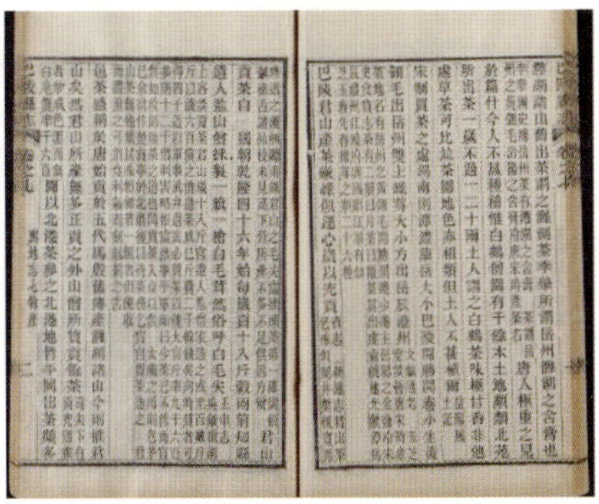

清光绪《巴陵县志》
湖南博物院藏

《巴陵县志》载君山贡茶有贡兜（叶片）、贡尖（芽头）两个品种。君山银针可能就是“贡尖”或由“贡尖”演变而来。君山银针其茶嫩芽肥壮，白毫细密，形似银针，经冲泡后嫩芽开展直立，所以命名为君山银针。

民国年间，岳阳茶业逐步走向衰落，但岳阳茶树种植面积和茶厂数量仍居全省前位。1938年，侵华日军炮击君山岛，使君山茶园荒芜七八年之久。

直至1945年8月后，茶园逐步恢复生机。1950年，中国人民解放军湖南省军区独立团派遣直属连（又称生产连）来君山种植茶叶，恢复黄茶生产；1952年，湖南省农业厅、中国茶叶公司湖南分公司接替“生产连”开办茶叶示范场；1958年，茶叶示范场改名为“君山茶场”。

· 勋章——不断发展的君山银针

君山银针因其品质被赞誉为“黄茶之冠，杯中极品”。

2014年，“岳阳黄茶”被国家商标总局批准为地理标志证明商标，同年获批地理标志保护产品。

君山银针产业基地

2015年，获意大利米兰“百年世博中国名茶金奖”。

2021年5月，君山银针茶制作技艺被列入第五批国家级非物质文化遗产代表性项目名录（保护单位：岳阳市君山区文化馆）。

2022年11月，黄茶制作技艺（君山银针茶制作技艺），作为“中国传统制茶技艺及其相关习俗”被列入联合国教科文组织人类非物质文化遗产代表作名录。

2023年，君山银针由农业农村部纳入农业品牌精品培育计划。

2024年1月，认定易琼辉为“国家级非物质文化遗产代表性项目黄茶制作技艺（君山银针制作技艺）的省级代表性传承人”。

项目证书

· 新篇——君山银针独特技艺的传承

君山银针茶制作遵循着“一颗匠心、五种归零”的生产标准，采用十道传统工艺制作而成。十道传统工艺包括：采摘、摊晾、杀青、摊凉、初烘、初包、复烘、复包、足火、精选。

十道工艺中最核心工艺是“杀青”和“双闷黄（初包、复包）”工艺，杀青工艺决定了君山银针冲泡进杯中的竖立度，会有三起三落的景观呈现。

双闷黄工艺要求每次的取茶量为1.5公斤，并用牛皮纸打包，每次闷黄的时间根据当期的温度和湿度来决定，第一次闷黄时间约为48小时，第二次闷黄的时间约为20小时，君山银针茶仅闷黄约需3天的时间才能制作完成。正是君山银针的“双闷黄工艺”造就了君山银针醇和耐泡、酵香持久、汤色明亮的特点。

传统技艺示范

示范者：国家级非物质文化遗产项目黄茶制作技艺（君山银针茶制作技艺）的省级代表性传承人　易琼辉

君山银针茶传统制作技艺工艺程序如下：

采摘

君山银针的采摘有严格要求，每年只能在清明前20天采摘，采摘标准为春茶的首轮嫩芽。为防止擦伤芽头和茸毛，需在盛茶篮内衬白布。芽头要求标准长25～30毫米，宽3～4毫米，芽蒂长2毫米，芽头包含3～4片叶子，肥壮重实。君山银针有九不采，即雨天不采、风霜不采、开口不采、发紫不采、空心不采、弯曲不采、虫伤不采、细瘦不采、不合尺寸不采。

摊晾

选择清洁卫生、空气流通、无异味且无外来粉尘的室内场地，将采摘的鲜叶摊放于篾盘中，鲜叶厚度3～5cm，并通微风，加快水分蒸发，含水量70%左右为适度。

杀青

杀青在倾斜20°的炒锅中进行。炒锅需在鲜叶杀青前磨光打蜡，每锅投鲜叶200克左右。茶叶下锅后，两手轻轻捞起，由怀内向前推出，再上抛抖散，让茶芽沿锅下滑。反复3分钟左右，芽蒂萎软清气消失，发出茶香，即可出锅。

摊凉

鲜叶经杀青出锅后，盛于洁净的小篾盘中、轻轻扬簸数次，散发热气，清除细末杂片。再摊于篾盘中4～5分钟，即可进入下道工艺。

初烘

将经过摊凉的茶叶放在炭火炕灶上烘20～30分钟。初烘程度要掌握适当，过干，初包闷黄时转色困难，叶色仍青绿，达不到香高色黄的标准；过湿则香气低闷，色泽发暗。

初包

初烘叶稍经摊凉，即用牛皮纸包好，每包1.5公斤左右，置于木箱内40～48小时，以促使君山银针特有的色香味的形成。初包是君山银针制作技艺的核心技艺。初包时间长短与气温密切相关，气温低应当延长初包时间。

复烘

复烘的目的在于进一步蒸发水分，固定已形成的有效物质，减缓在复包过程中某些物质的转化。复烘时间约一小时，烘至八成干即可，下烘后进行摊凉。

复包

复包方法与初包相同。时间应掌握在20小时左右。待茶芽色泽金黄，香气浓郁即为适度。

足火

足火温度80～100℃，烘量每次约0.5公斤，烘至水分6%左右时取出进行摊凉。

精选

为确保君山银针茶品质，保证根根竖立，“雀舌含珠”，上述九道工艺完成后，还要经过人工精选，将不符合要求的芽头选除，方可上市。

· 品鉴——君山银针原料与品级特点

君山银针茶之所以能成为茶中珍品，与其得天独厚的地理环境密不可分。君山银针的产地湖南岳阳洞庭湖的君山岛，四面环水，岛上土壤肥沃，多为砂质土壤。这种土壤透水、透气性好，有利于茶树根系的发育和养分的吸收。岛上气候温和，四季分明，云雾缭绕，为茶树生长提供了良好的自然条件。茶树在这里沐浴着充足的阳光，呼吸着清新的空气，吸收着土壤中的丰富养分，使得君山银针茶具有独特的品质和口感。

君山岛

君山银针茶品级标准

一类君山银针：完整采用十道传统工艺制作而成。芽头最为肥壮，紧实挺直，粗细、长短均匀，芽身金黄，白毫满披且完整鲜亮，橙黄明亮，清澈无杂质。香气清纯高爽，毫香鲜嫩，悠长持久。滋味醇厚甜爽，入口顺滑，回甘明显。

叶底肥厚，嫩黄匀亮，芽叶完整。

干茶

冲泡

叶底

二类君山银针：完整采用十道传统工艺制作而成。芽头较肥壮，挺直度较好，略有弯曲，芽身色泽金黄，白毫较完整。香气清纯，有毫香。滋味醇和甜爽，回甘较好。

叶底较肥厚，嫩黄，匀亮度较好。

干茶

冲泡

叶底

三类君山银针：完整采用十道传统工艺制作而成。芽头相对瘦弱，芽身色泽淡黄，白毫略显稀疏，芽长较短。汤色淡黄，香气较清淡，叶底较薄，颜色淡黄。

干茶

冲泡

叶底

（四） 闽越千年茶脉，酵香一叶乌龙——武夷岩茶（大红袍）

· 岁月——武夷山中孕育出新品乌龙

唐代陆羽《茶经》提到福建地区的茶叶品质优良，可能与武夷茶有关。《茶经》中虽未直接提到“武夷茶”，但其中关于福建地区茶叶的记载，为研究唐代武夷茶提供了背景资料。

宋代《清异录·茗荈》中记载了晚唐著名文学家孙樵送茶与焦刑部的书信：“晚甘侯十五人，遣侍斋阁，此徒皆请雷而摘，拜水而和。盖建阳丹山碧水之乡，月涧云龛之品，慎勿贱用之。”孙樵称武夷茶为“晚甘侯”，指出茶叶产自建阳（今福建建阳），并赞美了当地的自然环境和茶叶的品质。这里的“晚甘侯”此后成了武夷茶的别称，后人还将“晚甘侯”三字镌刻于武夷山九龙窠的岩壁之上，其成为武夷茶文化的重要象征。

唐末诗人徐夤曾经为答谢友人赠茶而写了一首诗《尚书惠蜡面茶》，诗云：

御茶园遗址

“武夷春暖月初圆，采摘新芽献地仙。飞鹊印成香蜡片，啼猿溪走木兰船。金槽和碾沉香末，冰碗轻涵翠缕烟。分赠恩深知最异，晚铛宜煮北山泉。”详细描写了武夷山茶的采摘、制作和品饮过程。

宋代，武夷茶成为北苑贡茶的重要组成部分，书写了建茶的辉煌。陆游、辛弃疾、范仲淹、苏轼等众多文豪留下许多脍炙人口的茶诗、茶文。其中朱熹在武夷精舍讲学期间写了《咏武夷茶》《茶灶》等茶诗，并以茶喻学，提出“理而后和”之命题。朱熹在武夷精舍四周建茶圃，植茶百余株，世人称之“文公茶”。

元大德六年（1302年），崇安县邑人孙瑀奉命在武夷山九曲溪的四曲溪畔兴建皇家御茶园，开启了武夷茶璀璨的一页。御茶园的建立，使得武夷茶的生产和管理更加规范化和专业化。

明代散茶兴盛后，武夷山茶人凭借其精湛的工艺、丰富的品种和深厚的文化底蕴，成功占据了制茶技术的高点。明代《茶疏》记载：“江南之茶，唐人首称阳羡，宋人最重建州。于今贡茶两地独多。阳羡仅有其名，建茶亦非最上，惟有武夷、雨前最胜。”

明末清初释超全在《武夷茶歌》中记载：“景泰年间茶久荒，喊山岁犹供祭费。输官茶购自他山，郭公青螺除其弊。”这表明在景泰年间（1450～1457年），武夷山的茶叶生产已经荒废，但每年仍需供奉祭祀费用，且贡茶需从他山购买。嘉靖三十六年（1557年）武夷山贡茶因产量不足或品质问题，改由延平（今福建南平）进贡。这标志着武夷山贡茶制度的结束。

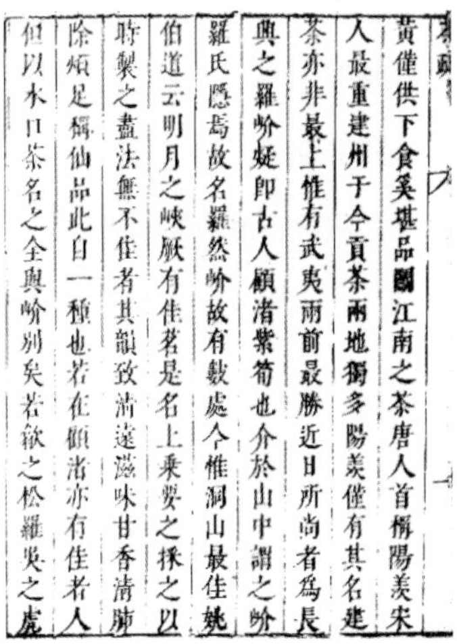

黄儘供下食奚堪品鬬江南之茶唐人首稱陽羨宋人最重建州于今貢茶兩地獨多陽羨僅有其名建茶亦非最上惟有武夷雨前最勝近日所尚者爲長興之羅岕疑即古人顧渚紫筍也介於山中謂之岕羅氏隱焉故名羅然岕故有數處今惟洞山最佳姚伯道云明月之峽厥有佳茗是名上乘要之採之以時製之盡法無不佳者其韻致淸遠滋味甘香淸肺除煩足稱仙品此自一種也若在顧渚亦有佳者人但以水口茶名之全與岕別矣若欲之松羅吳之虎

明 许次纾《茶疏》影印文件

此后，武夷茶人学习炒青绿茶松萝茶制法，在制作过程中，发现了茶叶发酵现象，从而衍生出“汤色红赤”的发酵茶制作技艺，其中半发酵的茶被称为武夷岩茶，后来也被称为乌龙茶；而全发酵的茶被后人称为红茶。乌龙茶、红茶由此发端。

经发展沿革，到清代初年出现了岩茶制作的完善技艺，开创了乌龙茶制作之先河。随着武夷岩茶制作技艺的完善，茶的对外贸易也逐渐兴盛。武夷山茶通过“万里茶道”，由陆路和海路远销国内外。

民国二十九年（1940年），原崇安茶业改良场并入福建示范茶厂，下设福安、福鼎分厂和武夷、星村、政和制茶所，由张天福任厂长。民国三十一年（1942年），为避开日本轰炸，当时的“中央财政部贸易委员会茶叶研究所”由浙江衢州万川迁址武夷山赤石，吴觉农任所长。福建示范厂并入研究所，众多茶叶专家云集武夷山从事茶叶研究。

中华人民共和国成立以来，武夷山茶产业得到了全面复兴，茶叶品种研发、制茶机具创新方面也取得重要成就。武夷岩茶和红茶持续出口，成为出口创汇的重要商品。21世纪以来，茶产业链也从茶叶生产向茶饮料、茶叶深加工以及茶文化、茶艺、茶馆、茶旅游等方向延伸和扩展。

· 勋章——不断发展的武夷岩茶

武夷山市位于福建省西北部，是岩茶的故乡。

2002年8月，武夷岩茶被列为国家原产地地域保护产品，同时“武夷山大红袍”和“正山小种红茶”获得国家商标局核准证明商标。

2003年，武夷山被文化部授予全国首个“茶文化艺术之乡”。

2006年6月，由国务院公布，文化部颁发，武夷山（大红袍）制作技艺被列入首批国家级非物质文化遗产保护名录（保护单位：武夷山市文化馆）。

2007年10月，乌龙之祖，国茶颠峰——武夷山绝版母树大红袍送藏国家博物馆。

2010年，“武夷山大红袍”被认定为中国驰名商标。

2022年12月，武夷岩茶（大红袍）制作技艺，作为“中国传统制茶技艺及其相关习俗”被列入联合国教科文组织人类非物质文化遗产代表作名录。

2023年，武夷岩茶成功入选“国家重要农业文化遗产”名录。

2025年3月，王顺明被文化和旅游部列为第六批“国家级非物质文化遗产项目武夷岩茶（大红袍）制作技艺的代表性传承人”。

大红袍简介石碑

项目证书

· 新篇——武夷岩茶（大红袍）独特技艺的传承

武夷岩茶属于乌龙茶，采摘的青叶经过倒青（萎凋）、做青、炒青、揉捻、焙火等工序制作成茶，是介于红茶与绿茶之间的半发酵茶，做青和焙火是区别于其他茶类制作的主要工序。其传统制作流程环环相扣，每一个环节都不可或缺，其中对茶质起关键作用的是“复式萎凋”“看青做青，看天做青”“走水返阳”“双炒双揉”“传统炭焙”等环节。

传统技艺示范

示范者：国家级非物质文化遗产武夷岩茶（大红袍）制作技艺代表性传承人 王顺明

武夷岩茶（大红袍）早期传统制作技艺，主要由采摘→倒青（萎凋）→做青（晾青→←摇青）→初炒→初揉→复炒→复揉→初焙→扬簸→凉索→拣剔→

复焙→吃火→团包→补火→装箱等工序构成。随着时代发展和制茶机具的创新，部分制作技艺已由机械设备替代以提高效率和精制率，优化后的制作技艺包括：采摘→倒青（萎凋）→做青（晾青→←摇青）→杀青→揉捻→干燥→拣剔→焙火→退火→装箱等工序。

采摘

当新梢形成驻芽，顶叶展开后采3～4叶，俗称开面采，采摘要求掌心向上，以食指钩住鲜叶，用拇指指头之力，将新梢摘断。

倒青（萎凋）

日光萎凋，茶青倒入青弧内，抖松散热，再经过开青，将茶青均匀平铺于水筛上，置于太阳光下进行晒青，晒青时间应根据茶青老嫩、品种、采摘时间、产地、气候等因素决定，期间可翻拌茶青1～2次，可采用“两晒两晾”方式。

加温萎凋，将茶青摊于萎凋槽内加温。期间适时翻动茶青，使茶青受热均匀。

萎凋程度，茶青由鲜绿色转为暗绿色，叶面失去光泽，用手触摸茶青质地转为稍软，第二叶自然下垂，由青气转为略带清香，即可进入做青工序。

做青（晾青→←摇青）

通过晾青、摇青，再晾青、摇青，交替循环，反复多次，根据“看青做青、看天做青”的原则来决定摇青次数和轻重以及晾青厚度和时间，当青叶呈现“绿叶红镶边”为“三红七绿”时，即可进入杀青工序。

初炒（杀青）

宜使用斜锅进行杀青，当锅底壁发白，手伸至锅口上方手背有一定灼热感但又可承受时，则锅温已达到初炒温度要求。将适量做青叶投入锅内进行初炒。初炒有团炒、翻炒、吊炒三种手法，前期团炒，中期翻炒，后期吊炒。

初揉（揉捻）

青叶起锅后置于揉茶苈上趁热揉捻，中间解块一次。揉捻至茶汁部分外溢黏手，茶叶基本卷成条索，即可解块复炒。采用双手向左右前方交叉式的倒碟形回转手法揉捻，一手拇指打开加压搓揉，另一手手指并拢护住茶团为推进动力，双手交叉替换进行。

复炒

用双手将初揉的茶叶呈圆形散铺于锅中，用双手指尖收聚茶叶翻面，重复几次后即可起锅复揉。

复揉

揉法同初揉，揉速稍加快，使条索进一步卷曲紧结，茶汁充分溢出，即可解块干燥。

干燥

将揉捻后的茶叶平铺于干燥机上进行两次烘干，第一次烘干后需进行摊晾使叶片与叶脉水分重新分布，再进行第二次烘干，至此，初制工艺完成。

拣剔

利用智能风选/色选机对初制茶叶进行拣剔，拣去黄片、茶梗、三角片、夹杂物等，再由拣茶工将拣剔过的茶叶巡拣一遍（俗称为“巡拣”），将尚未拣剔的黄片、茶梗全部去尽，即可进行焙火。

焙火

选用荔枝炭置于焙坑内，点燃烧透，在炭火上披盖适当厚度的草木灰（焙火不见火），经拣剔的茶叶，放入焙笼内进行8～12小时的焙火。传统炭焙的武夷岩茶所呈现的香气和滋味是机器不能实现的。因此精湛的传统炭焙工艺讲究“一次焙火、一气呵成”。

退火

焙火后茶叶初期会有火气，影响品饮口感，需进行3个月左右的退火方可分装上市。

装箱

完成退火后，将茶叶装入锡箔纸袋并进一步包装，即可入库，供下一步处理。

· 品鉴——武夷岩茶（大红袍）原料与品级特点

武夷山市位于福建省西北部，地处中亚热带季风气候区，四季气候差异大，多云雾天气，全年温和湿润，山间常年云雾弥漫，湿度极高，非常有利于茶树生长。优良的气候条件使得武夷岩茶在生长过程中能够充分吸收营养，形成其独特的香气与口感。

武夷山的土壤条件也对大红袍的品质有着重要影响。武夷山因丹霞地貌形成了独特的红色砂砾岩土壤，这种土壤透气性好、排水性强，且富含多种对人体有益的微量元素，使得大茶树的根系发达，茶叶的内含物质更加丰富，品质更为上乘。

武夷岩茶尤以三坑两涧（慧苑坑、大坑口、牛栏坑、流香涧和悟源涧）产区范围内的为好。茶树品种多，有数十种，以大红袍最为著名。大红袍独有的“岩骨花香”是由武夷山独特的生态环境、气候条件和精湛的传统制作技艺造就的。

武夷山市琪明茶叶科学研究所

武夷岩茶（大红袍）品级标准

特级大红袍

外形：条索紧结、壮实、稍扭曲，色泽带宝色或油润，匀整，洁净。

内质：香气锐、浓长或幽、清远，滋味岩韵明显，醇厚、回味甘爽、杯底有余香。汤色清澈、艳丽、呈深橙黄色，叶底软亮匀齐、红边或带朱砂色。

干茶　　茶汤　　叶底

一级大红袍

外形：条索紧结、壮实，色泽稍带宝色或油润，匀整，洁净。

内质：香气浓长或幽、清远，滋味岩韵明显，醇厚，回甘快，杯底有余香。汤色较清澈、艳丽、呈深橙黄色，叶底较软亮匀齐、红边或带朱砂色。

干茶

茶汤

叶底

二级大红袍

外形：条索紧结、较壮实，色泽油润、红点明显，较匀整，洁净。

内质：香气幽长，滋味岩韵明显，较醇厚，回甘，杯底有余香，汤色金黄清澈、明亮，叶底较软亮、较匀齐、红边较显。

干茶

茶汤

叶底

（五）

万国求茶到徽州——祁门红茶

· 岁月——祁门千年茶产区孕育出的红茶

徽州商人从事茶叶贸易由来已久，祁门茶叶在唐代已经享有盛名，并通过浮梁等地的茶市进行广泛交易。唐代诗人白居易在《琵琶行》中提到的“商人重利轻别离，前月浮梁买茶去”虽是写琵琶女的无奈，却也记述了浮梁茶叶贸易的盛况。而“浮梁买茶”就涉及了祁门（祁门西部旧属浮梁地）地区的茶事。尽管此时的祁门已经建县，但人们仍习惯称这一带为浮梁。唐人王敷在《茶酒论》中写道：“浮梁歙州，万国来求。”文献中再次提到歙州地区的茶叶贸易。

唐永泰二年（766年），朝廷析歙州黟县和饶州浮梁二县部分地区设立祁门县，因县城东北有祁山、西南有阊门而得名，时属歙州（后称徽州，今为黄山市）。而已知最早明确记载祁门茶的相关文字记载在唐宣宗大中十年（856年）杨晔所著的《膳夫经手录》，其中写道：“歙州、婺州、祁门、婺源方茶，制置精好，不杂木叶，自梁、宋、幽、并间，人皆尚之。赋税所入，商贾所赍，数千里不绝于道路。”所说的祁门出产的方茶，是一种方形饼茶，算是当时祁门地区茶叶的代表性产品。唐咸通三年（862年），歙州司马张途著《祁门县新修阊门溪记》中详细描述了将歙州茶运往浮梁茶市的水道情况。这篇文献不仅记录了当时的茶叶贸易路线，也是中国最早的地方茶事文献之一，具有重要的历史价值。还有陆羽《茶经》中也提到歙州是茶叶的重要产地之一，表明其茶叶生产在唐代已经非常发达，成为当时茶叶贸易的重要中心之一。

宋宣和三年（1121年），宋徽宗改歙州为徽州，领祁、歙、休、婺、绩、黟六县，祁门处徽州之西。唐宋时安徽的茶主要是在庄园里进行生产。庄园经济在这一时期占据主导地位，茶叶的生产、加工和销售大多由庄园主控制。然而，到了宋末，庄园经济日趋衰落，茶叶生产重心转移到“民圃”中。所谓民圃，是指由“茶山主”雇佣工人经营的茶园，或者由茶农自己经营的小块茶地。这种生产方式的转变，标志着茶叶生产从庄园经济向小农经济的过渡。在这一时期，安徽的茶叶生产已经颇具规模，制茶手工业也相当发达。茶农们采用了先进的生产工具，如水转连磨和大规模的茶焙。皖南茶区是安徽茶叶的主要产区之一，出产的茶叶种类繁多，包括仙芝、玉津、先春、绿芽等20余种。至于产量，据李心传《建炎以来朝野杂记》记载，徽州每年有210万斤茶。到了元代时，祁门县产干茶就已超过万担。直接显示出茶叶生产的经济价值和社会重要性。

明永乐《祁阊志》记载：“茶则有软枝，有芽茶，人亦颇资其利。”这里所讲的软枝茶，大约在明代后期时衍化成为安茶。安茶是一种后发酵紧压茶。

清代中期以后，徽州及毗邻的浙赣边区出产之炒青绿茶，大部分集中在屯

溪精制、外销，遂名“屯绿”。为适应外销市场需求，祁门茶区开始探索绿茶发展为红茶。红茶起源于福建武夷山茶区，其后由近及远，向江西、安徽及两湖茶区传播。自17世纪荷兰人将中国红茶运往欧洲开始，到18世纪时红茶逐渐成为西方社会受欢迎的饮品。祁门茶业发展较快，尤其是18世纪以后，茶叶外输数量迅速增加，推动了祁门茶叶的栽培推广。祁门南乡贵溪人胡元龙早在咸丰年间（约1855年）就在贵溪开辟了五千余亩荒山，种植茶树。尤其是光绪元年（1875年），由于绿茶销路不畅，代表人物胡元龙考察并引进了红茶制作技术，筹资六万元建设了日顺茶厂改制红茶，并亲自到各乡教导茶农，推动了祁门红茶的普及和发展，祁门红茶的问世标志着祁门茶叶进入了一个新的兴旺时期。祁门红茶以其独特的品质迅速赢得市场，成为安徽茶叶的重要代表。祁门红茶的成功不仅带动了当地经济的发展，也为中国茶叶在国际市场上赢得了重要地位，成为安徽茶业历史上的重要里程碑。

1915年10月，国民政府农商部在祁门县南乡平里正式成立“农商部茶业试验场”。这是我国建立的茶叶专业实验示范茶场之一。1916年1月，农商部正式下文将“农商部茶业试验场”改名为“农商部安徽模范种茶场”。1917年初更名为农商部茶业改良场。1927年更名为安徽省立第二茶业试验场。1932年更名为安徽省立茶业改良场。1934年正式更名为“祁门茶业改良场”（由全国经济委员会、实业部、安徽省政府合管，在祁门县城南门外凤凰山新建厂房，设立总场，平里为分场）。数年间，其名称与隶属关系屡经变更，尤以“祁门茶业改良场”之名存世最久也最为人知。期间，陆溁、吴觉农、胡浩川先后担任场长，冯绍裘、庄晚芳等茶界大师也曾在改良场担任重要职位，致力于茶叶产制技术的研究与改进。他们的努力为祁门红茶的“香高、味醇、形美、色艳”的独特风格奠定了深厚的基础，祁门茶业改良场因此被誉为“中国茶叶史上的黄埔军校”和“中国现代

茶叶科技的摇篮”。

1937年5月，国民政府成立了中国茶叶股份有限公司（简称中茶公司），这一举措进一步推动了祁门红茶的生产和出口。同年7月7日，日本帝国主义悍然发动了全面侵华战争。为筹措资金，积累外汇换取军需，国民政府明确规定对外贸易要实行国家统制，利用有限的渠道出口盟国需要的农矿产品等战略物资，进口国内急需的军用及重要民用物资，由此开始对全国茶叶实行统购统销政策。

1949年4月，祁门解放，祁场的县城总场和平里、历口分场由祁门县人民民主政府接收，归属皖南人民行政公署。1950年，祁门茶业改良场翻开了新篇章，祁门改良场一分为三，一部分为祁门精制茶厂，一部分为历口茶厂，另一部分为“祁门实验茶场”，先后由中茶公司皖南分公司及安徽省农业厅领导，改组后继续在茶叶科研和生产中发挥重要作用。1956年，祁门茶厂和历口茶厂合并为“安徽省祁门茶厂”。祁门实验茶场在1962年改为省农业科学院辖“安徽省农业科学院祁门茶叶研究所”。1996年，更名为“安徽省农业科学院茶叶研究所”。祁门茶叶研究所在茶叶科研领域硕果累累，对新中国茶叶科技发展发挥了重要的推动作用。

· 勋章——走向世界的祁门红茶

祁门红茶因其卓越的品质和深厚的历史底蕴，成为中国茶叶的代表之一，享誉海内外。祁门红茶现与印度大吉岭红茶、斯里兰卡乌伐红茶并称“世界三大高香红茶”。

1915年，祁门红茶在美国旧金山巴拿马太平洋国际博览会上荣获金奖，这是一次世界性的名优特产品的集中展示。

1983年，祁门红茶获国家对外经济贸易部出口商品优质荣誉证书。

1980年、1985年、1990年、1995年，祁门红茶连续四届荣获国家金质奖章。

1987年，祁门红茶荣获比利时第26届世界优质食品评选会金奖。

2001年8月，祁门县被国家林业局授予“中国红茶之乡”。

2008年6月，祁门红茶制作技艺被国务院批准、文化部确定列入“第二批国家级非物质文化遗产保护名录”，予以活态保护（保护单位：祁门县祁门红茶协会）。

2015年，天之红祁门红茶荣获米兰世博会金奖。

2018年5月，认定王昶为第五批“国家级非物质文化遗产代表性项目红茶制作技艺（祁门红茶制作技艺）的代表性传承人”。

2022年11月，红茶制作技艺（祁红茶制作技艺），作为“中国传统制茶技艺及其相关习俗”被列入联合国教科文组织人类非物质文化遗产代表作名录。

2024年3月，安徽省祁门红茶发展有限公司为第三批国家级非物质文化遗产生产性保护示范基地。

2024年，“天之红”被商务部授予“中华老字号”称号。

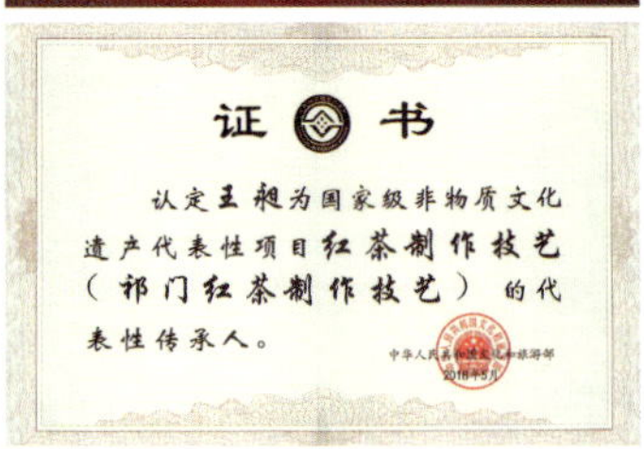

相关证书

· 新篇——祁门红茶独特技艺

传统祁门红茶因制工精细而闻名。其制作过程分为初制、精制两大过程。其中初制过程分为萎凋、揉捻、发酵、烘干4道工序；传统精制工序有抖筛、分筛、紧门、毛撩、风选、净撩、打袋、撼筛、飘筛、捡剔、补火、拼配、均堆、装箱14道，其中最主要的是抖筛、分筛、打袋、拼配4道。整个制作过程极尽繁复考究，每一次动作都是不厌其烦的重复、倾尽心血的工夫，所以祁门红茶又被称为“祁门工夫红茶”，更是中国工夫红茶的代表。

传统主要技艺示范

示范者：国家级非物质文化遗产项目红茶制作技艺（祁门红茶制作技艺）的代表性传承人　王昶

萎凋

采摘茶鲜叶后，通过自然通风放置，让茶鲜叶部分失水，青臭味转化成清香气，茶青颜色转暗，茶体柔软。

萎凋目的是使鲜叶散失水分，叶质变软，便于揉捻成形。鲜叶原料置于摊青架上自然萎凋，并可与日光萎凋、热风萎凋结合进行。

萎凋程度：叶片柔软，手握成团，松手不易弹散，茎梗折而不断，叶色由鲜绿变为暗绿，失去光泽，青气减退，透出清香。

揉捻

萎凋后的茶叶可进行揉捻，适度用外力破坏茶叶细胞内壁，让茶汁布满叶面，要求揉捻叶具有较高的细胞破损率和芽叶完整性，达到手捏叶汁黏手而不外溢为佳。揉捻可为茶叶塑形赋色，同时为后期发酵做好准备。

揉捻没有外热作用，属于冷做形，可使茶叶卷曲成条、塑造形状。

揉捻程度：芽叶紧卷成条，无松散折叠，手紧握茶坯有茶汁外溢，松手后茶团不散，茶坯局部发红，有较浓的青草气，细胞破损率达80%以上。

发酵

在合适的温度和湿度下，揉捻后的茶叶经过一段时间的放置，茶叶的转化酶成分会促使其内部的多酚类物质氧化，这一氧化过程就是发酵。发酵是制作红茶的关键过程，发酵水平直接关系到茶叶的品质与品饮风味。

将揉捻好的茶叶放置于发酵室，配用发酵架和盛装发酵叶的木盒或竹篓，发酵叶九分满、蓬松状，并加盖湿布，可使用蒸汽调控发酵室的温湿度。中途需要翻拌一次，使之均匀发酵，避免出现花青、暗条。

发酵程度为嫩茎泛红色，叶色由黄绿转呈黄红色，青草气消失，透出花果香。

烘干

发酵好的茶叶需及时烘干，利用高温终止酶促氧化，停止其继续发酵。蒸发水分，紧缩条索，塑造外形，焙制香气。并通过温度控制激发转变茶叶内的香气成分，把低沸点香气成分转化成更令人愉悦的高沸点香气成分，这对形成祁门红茶的花果香和蜜糖香有重要作用。

红茶烘干分为毛火和足火，毛火要高温快烘，排湿通畅，摊叶较薄，烘至七成干，叶条基本干硬，嫩茎稍软。毛火叶经摊凉回潮后进行足火，摊叶较厚，低温慢烘，促进焙香，烘至手碾茶条成碎末为适度。

抖筛

抖筛是精制取料的关键环节，通过抖筛作业，对祁红原料进行筛制，初步分出粗细，筛下茶重点取做本身茶，精取细做，防止“屈料”或“跑料”。

分筛

初步处理后的祁红长短不一、形态有异，分筛是精制工艺的综合过程，其中包括紧、撩、筛、撼、吹、捡等工艺，其目的是通过不同的工具、手段进一步精制茶叶，让成茶达到外观及内质的一致。因其极为耗时耗力，考验耐心技巧，故传统工艺的祁红才被称为祁门工夫茶。

采用不同筛号的竹筛进行分筛作业，使茶叶在筛盘上作圆周运动，手要端平，匀速晃动，初步分出茶条的长短和多个号头茶。

打袋

初制好的毛茶还需要精制加工。精制工艺之一的打袋，就是将毛茶装入布袋，通过外力摔打，把毛茶折成小段。打袋需要用力均衡，受力平均，打袋后的茶叶还需通过后续工序筛分，将合乎要求的成茶留下，过长的茶条继续打袋处理。

将筛制过程中产生的毛茶头、撩头、抖头等头子茶装入布袋，紧握袋口，将袋底不断摔打在光滑的石头上，把茶头打成短小状，打袋后再筛分取料。

拼配

祁红产区各地茶叶具有不同特征，形、色、味、香各有其长。拼配就是在基茶中添加不同产地茶叶，通过取长补短，达到祁门红茶独具一格的合和之美。拼配是祁门红茶中近乎神秘，特别考验功力的独门“秘笈”，只有富有经验、对祁红茶有深刻理解的老茶师才具备这一能力。

将做好的号头茶（包括本身路、长身路和圆身路），比对标准样或参考样，以本身茶为基础，适当调剂拼合出成品茶小样。以确保成品茶金毫、条索、色泽、香气、汤色、浓度、鲜甜、叶底和容重符合标准要求。

· 品鉴——祁门红茶原料与品级特点

祁门地处黄山西麓，清荣峻茂，水灵山秀。“九山半水半分田”的土地结构，犹如天造神境。境内大小山川河流纵横，大量河泥沉积，成为茶树良好肥料，孕育的茶树高大健壮，形成质量上乘的红茶。全境森林覆盖率达85%以上，土质肥厚，结构良好，透气性、透水性和保水性均佳，水分充足。土壤酸碱适中，含有较丰富的氧化铝与铁质，钾含量高于其他红茶区，从而为孕育祁红提供了良好的土壤条件。

祁门属典型亚热带季风气候，气候温和，雨量充沛，日照偏少，无明显酷暑严寒，四季分明。具体特征“四多一少”：山多、云多、雾多、阴雨多、日照少。优渥的气候环境有利于祁红特有内含物质的形成，为祁红孕育独特的叶汁、芳香等特点奠定坚实基础。因有“茶树天堂”，才有最优红茶。

名茶当有名种。祁红人经多年培育，现茶树品种以群体为主，共有8个类型：槠叶种、柳叶种、栗漆种、紫芽种、迟芽种、大柳叶种、大叶种和旱芽种。其中槠叶种为国家级良种，属祁门独有品种。槠叶种属有性繁殖系，灌木型，

树姿半开展，尤其适宜祁门春夏季相对湿度都在80%左右的气候环境。该品种高产优质，是制作祁红的当家品种。

茶树有灵性，精心耕种最为重要。可以说“山地是祁红的命根”。当地农民在山坡山凹及低山之顶、土壤较为肥沃的区域开辟茶园，面积琐碎，如星辰散落。平地茶树多在村庄旁近与溪流两岸之荡地，田边地角亦有零星栽种。茶园采摘以“多留少采，以养为主”作总原则。这些精细的种管技术保证了祁门优质红茶的不断产出。

祁门红茶在中国工夫红茶中品质出类拔萃，条索紧细，锋苗秀丽，色泽乌黑泛灰光，俗称“宝光”。它的香气浓郁持久，似蜜糖香，又蕴有兰茶香，人称祁门香，汤色红艳，滋味醇厚，回味隽永。

祁门红茶品级标准

特茗

鲜叶以清明前茶园开园后祁门槠叶种茶树的首批一芽及一芽一叶初展头春肥壮嫩芽，完整采用十八道传统初、精制工艺制作而成。成茶紧秀苗细，金毫显露，油润匀齐。

汤色红艳明亮，滋味高鲜醇甜，花果蜜香高鲜，叶底红艳匀亮，细嫩多芽。

干茶

茶汤

叶底

特级

以清明前祁门槠叶种茶树一芽一叶及一芽二叶初展鲜叶，完整采用十八道传统初、精制工艺制作而成。成茶紧细嫩，金毫显露，油润匀齐。

汤色红亮，滋味鲜醇甜，高鲜甜香显，叶底红匀亮，细嫩显芽。

干茶

茶汤

叶底

特一

以清明左右祁门槠叶种茶树一芽一叶及一芽二叶鲜叶，完整采用十八道传统初、精制工艺制作而成。成茶细嫩，金毫显露，油润匀整。

汤色红亮，滋味醇甜鲜，鲜甜香显，叶底红匀亮，细嫩有芽。

干茶

茶汤

叶底

特二

以谷雨前祁门槠叶种茶树一芽二叶初展及一芽二叶鲜叶，完整采用十八道传统初、精制工艺制作而成。成茶细嫩，显毫，乌黑油润匀整。

汤色红亮，滋味醇甜较鲜，鲜甜香显，叶底红匀嫩亮。

干茶

茶汤

叶底

一级

以谷雨前祁门楮叶种茶树一芽二叶初展、一芽二叶鲜叶，完整采用十八道传统初、精制工艺制作而成。成茶紧细有锋苗，乌润匀整。

汤色红亮，滋味鲜醇，较鲜甜香，叶底红亮匀嫩。

干茶

茶汤

叶底

二级

以谷雨前祁门楮叶种茶树一芽二叶及一芽三叶鲜叶，完整采用十八道传统初、精制工艺制作而成。成茶紧细，乌润较匀整。

汤色红较亮，滋味醇厚，有甜香，叶底红亮较匀嫩。

干茶

茶汤

叶底

（六）

千年茶马古道长，一片茯砖通四方——益阳茯砖茶（黑茶）

· 岁月——茶马互市的硬通货茯砖茶

茯砖茶（黑茶）始于泾阳，续于安化，盛于益阳。要说益阳的茯砖茶，首先得从边销茶说起。边销茶，因长期销往西北边疆少数民族地区，故称之为边销茶，是我国独有的一种茶叶产品。而边销茶的形成离不开“茶马互市”。

“茶马互市”兴于唐、盛于宋。唐代开始出现管理茶叶的官方统领，负责以茶叶与边疆少数民族交换马匹。宋代，随着茶叶产量的增加，茶叶贸易十分繁荣。北宋神宗熙宁年间，当时陕西咸阳地区的茶商在不经意间发现，湖南黑毛茶在泾阳码头卸货时，因茶叶掉入泾河中，经过晾晒和发酵后，茶叶颜色变黑，叶片出现黄色斑点（即“金花”），并散发出异香。这种独特的发酵现象，使得茶叶的口感和功效得到显著改善，从而催生了茯砖茶的初期工艺。

也因此，尽管泾阳本身不产茶，但这里却成了茯砖茶的重要加工地，茶商将湖南黑毛茶运到泾阳加工，再转卖到各地。茯砖茶的名字由来也与工艺有关，

中国黑茶博物馆

因为茯茶发“金花”的工艺在伏天，故初取名叫“伏茶”，又因茶有一种茯苓草药的香味，最后称为“茯茶”。初期的“茯茶”为散茶。

北宋朝廷于公元1088年在资水北岸设立“博易场”进行茶叶专卖，并成立“茶马司”管理茶叶贸易，以茶易马，支持国家财政与军事需求。为方便运输，茶农开始将茶叶蒸压成饼状或砖形。这种砖茶的制作工艺，为后来的砖茶发展奠定了基础。当时西北等地区，尚不流通银两和铜钱货币，交易都处于以物易物的状态，砖茶因其便携性和实用性成为重要的交易媒介，甚至充当货币，这种砖茶流通不仅促进了经济交流，还传播了茶文化，增强了中原与边疆地区的联系，具有深远的经济、文化和军事意义。砖茶充当货币的历史一直延续到清代嘉庆、道光年间，如文献记载“羊一头约值砖茶十二片，或十五片，骆驼十倍之”。

宋代湖南的产茶地分为荆湖南路和荆湖北路，荆湖南路包括潭州、衡州、永州、邵州、郴州等，益阳隶属潭州。今益阳安化，是当时“茶马互市”政策下的主要茶叶生产地，现在益阳安化洞市还遗存茶马古道。

明朝时，湖南茶叶交易越来越广泛，并开始生产大量的边销茶。《安化县志》记载：“嘉靖元年，县内制黑茶，多销往陕、甘一带。”可见“黑茶”一词出现于明代，这个“黑茶”包括多个品种。由于湖南茶有量多、质好、价廉、适销等优越条件，逐步占领了西北边销茶市场。

清顺治元年（1644年），安化的茶行采购“甘引”运至陕西泾阳，委托当地茶行加工成茯砖茶，当时称“泾阳砖”（简称泾砖）。嵇璜《清朝通典・食货八・茶课》记载：“泾阳砖每封旧秤五斤，每二封装一篾篓。”此为茯砖茶最早的文字记载。清初茶法沿袭明代，官茶由茶商自陕西领引纳税，带引茶赴湖南安化采买，每引正茶100斤，准带附茶14斤。可见当时茯砖茶制作需要两地转运，需将安化制好的黑茶原料运至泾阳进行加工。

民国时期，边销茶需求之盛不止，但由于战争交通阻滞，体积膨大的引茶，运往泾阳加工极为困难。在民国二十八年（1939年），彭先泽在益阳安化江南镇试制出第一块黑砖茶，开辟了湖南黑茶压制的历史先河；同年8月，成立“湖南省茶叶管理处砖茶厂”，彭先泽任厂长。1940年，湖南省茶叶管理处砖茶厂开工压制黑砖茶；1941年，“湖南省茶叶管理处砖茶厂”更名为“湖南省砖茶厂”，茶运抵甘肃兰州销售；1942年，茶厂更名为“国营中国茶叶公司湖南砖茶厂”，彭先泽仍主持厂务；1945年，茶厂更名为“复兴公司湖南砖茶厂”；1946年，茶厂更名为中央信托局湖南砖茶厂；1947年，公商合营的“湖南茶叶公司制茶厂”在安化江南坪成立，同年，公私合营“安化茶叶公司”成立。益阳地区茶业的发展为之后茯砖茶的兴盛打下坚实的基础。

新中国成立后，为了更好地管理和生产黑茶，1950年，成立了“中国茶业公司安化砖茶厂”专门负责黑茶的加工和生产；1953年，第一片手筑茯砖茶试制成功，安化砖茶厂更名为安化第二茶厂，标志着茯砖茶的生产技术在湖南得到了突破和发展；1957年，安化第二茶厂筹划迁建益阳市，更名为湖南省益阳茶厂；1958年，考虑到咸阳生产茯茶的原料转运问题，中央要求把加工生产转移到茶产地，为了承担茯砖加工的任务，湖南省益阳茶厂开始建厂，安化第二茶厂整体搬迁到益阳。同年，第一片机制茯砖茶诞生于益阳茶厂，标志着茯砖茶的生产从手工制作向机械化生产转变，大大提高了生产效率。

茶厂旧照

1988年，湖南省益阳茶厂成为茯砖茶国家标准起草单位。1991年至1995年，为保证少数民族特需用品稳定供应，国家在第八个五年计划期间出台了边销茶储备制度。湖南黑茶作为重要的边销茶品种，其生产和供应得到了国家政策的有力支持。

黑茶是茶类中唯一可以长期存放的品种，茯砖茶是黑茶中非常有特色的一大类，金花（冠突散囊菌）是茯茶独有的。茯砖茶是黑茶类中唯一具有发花工艺从而能产生有益菌的一个茶种。

· 勋章——不断发展的茯砖茶

在我国西北地区，茯砖茶与奶、肉并列，以其不可替代的独特功效成为各少数民族的生活必需品，被誉为中国古丝绸之路的“神秘之茶”和西北各少数民族的“生命之茶”。

1993年，湖南省益阳茶厂被国家统计局工业交通统计司评为“全国最大市场占有份额百强企业”。

2002年，国家制定了《边销茶国家储备管理办法》，对茯茶原料和产成品实行储备管理。

2008年6月黑茶制作技艺（茯砖茶制作技艺）被列入第二批国家级非物质文化遗产保护名录（保护单位：益阳茶厂有限公司）。

2012年4月，益阳茶厂有限公司“湘益”商标被国家工商总局认定为中国驰名商标。

2016年12月，由国务院颁发益阳茶厂有限公司国家科学技术进步奖。

湖南省益阳茶厂有限公司大楼

2018年5月，刘杏益被评为第五批“国家级非物质文化遗产代表性项目黑茶制作技艺（茯砖茶制作技艺）的代表性传承人”。

2022年11月，黑茶制作技艺（茯砖茶制作技艺），作为“中国传统制茶技艺及其相关习俗”被列入联合国教科文组织人类非物质文化遗产代表作名录。

2024年，湘益茯茶荣获第三批“中华老字号”称号。

国家级非物质文化遗产

黑茶制作技艺·茯砖茶制作技艺

中华人民共和国国务院公布
中华人民共和国文化部颁发
2008年6月

证书

认定刘杏益为国家级非物质文化遗产代表性项目黑茶制作技艺（茯砖茶制作技艺）的代表性传承人。

相关证书

· 赓续——茯砖茶独特技艺

茯砖茶的制作工艺极为复杂，分为黑毛茶的初制工艺和茯砖茶的精制工艺。其中，“发花”是茯砖茶制作过程中最为关键的步骤，通过这一工序，茯砖茶内部会形成金黄色的花斑，即“金花”，这是茯砖茶独特香气和保健功效的来源。

传统技艺示范

示范者：国家级非物质文化遗产项目黑茶制作技艺（茯砖茶制作技艺）的代表性传承人　刘杏益

黑毛茶制作

杀青

这是制茶的第一道工艺，通过蒸发鲜叶部分水分，去除青气，使茶叶变软，便于揉捻。具体办法是将鲜叶置于锅内，不断翻炒。为避免水分不足杀青不匀，一般除雨水叶、露水叶和幼嫩芽叶外，都要按10：1的比例洒一点水，再行焙炒。

揉捻

杀青后趁热揉捻，将茶叶初步揉捻成条，使茶汁溢出附于其表。揉捻宜轻压、短时、慢揉。揉捻15分钟左右为好，待黑茶嫩叶成条，粗老叶成皱叠即可。

渥堆

渥堆是形成黑茶色香味的关键工序，室温25℃以上，湿度85%左右。初揉后的茶坯，不经解块即堆将起来，堆高约1米，表面覆盖湿布或蓑衣等物。渥堆过程中还要翻一次，以利温度均匀。堆积24小时左右，茶坯表面出现水珠，茶叶变成黄褐色，对光透视则呈竹青色，闻起来青气已消除，散发出淡淡的酒糟气，表明渥堆成功了。

干燥

此为黑毛茶初制最后一道工序，即将揉捻后的茶叶烘干（下图左）或者晒干（下图右）。干燥过程中，茶叶色泽渐渐乌润，形成一种独特的毛茶香味。

灶火干燥

晒干干燥

茯砖茶的精制

茯砖茶精制要经过原料处理、汽蒸渥堆、压制定型、发花干燥、检验包装等十几道工序。以下为主要工序。

平圆筛去杂

原料处理

筛选去杂：将拼配好的混合毛茶经破碎机打碎，上滚圆筛。头子茶经风选去杂后，再进破碎机切细切断，再上双层抖筛，过4孔抖筛后即成半成品待拼堆。滚圆筛底茶上平圆筛，分别经风选机去杂后，即成半成品待拼。

汽蒸渥堆

将半成品茶坯，放入98～102℃的蒸汽机内汽蒸，弥补初制渥堆的不足。汽蒸后再行堆积，堆高2米左右，时间4～5小时，温度80℃为宜。若温度过高，应翻堆散热。渥堆后，色泽由花杂变黄褐，滋味由青涩变醇和。

压制定型

压制定型流程：茶坯水分测定→加茶汁→搅拌均匀→称茶→蒸茶→入模压制→冷却，其中关键工序控制如下。

首先对渥堆后的茶坯进行水分检验。为正确决定砖片付料重量和保证发花良好，对每批茶坯的含水率须进行测定。

然后称茶蒸茶。称茶的目的在于合理准确付料，以保证产品单位重量符合要求。称茶后再加茶汁，茶汁由茶梗、茶果熬制，有利于金花生长。发花需要适当水分，有利于提高茶坯粘结度，茶坯含水量一般在24%～30%之间。加入茶汁后要搅拌均匀，通过蒸汽机汽蒸，使茶坯软化，便于压制。蒸汽温度为100～102℃，蒸茶5～6秒。蒸时过长，茶坯过软，含水量过高，易烧心霉变；蒸时过短，不易压紧，发花也不好。

把压制后的茶砖匣输送至凉置架上，冷却定型。砖温一般由80℃下降到30℃便可定型，冷却时间一般为1～2小时。冷却后，按品质规定检查验收，要检查重量、厚薄是否一致，四角是否分明，松紧是否均匀。检验合格的茶砖送烘房发花干燥。

发花干燥

发花干燥是一个特殊且关键的过程。将检验合格的茶砖送入烘房，侧立在烘架上，茶砖间距为2厘米，采用间接加温。全程分两个阶段：

第一阶段（发花阶段），历时12～15天，目的是发花，温度保持在28℃左右，湿度保持在75%～85%（最适湿度为80%），以利金花（冠突散囊菌）生长。

第二阶段（干燥阶段），历时5～7天，目的使茶砖干燥。温度一般由32℃逐渐上升到45℃，湿度则逐渐降低。待砖内含水量为12%时，停止供热，打开门窗冷却后，即可出烘。

检验包装

出烘后，检验项目包括发花情况、外观质量和重量，一批合格的茯砖茶即可入库保管，待运出厂。

· 品鉴——茯砖茶原料与特点

益阳位于湖南中部、洞庭湖西南岸，地处北纬30°黄金产茶带。这里地势起伏和缓，土层深厚肥沃，非常适合茶树生长。益阳属于亚热带季风气候，四季分明，雨量充沛，年平均气温在16～17℃之间。优越的气候条件与地理环境，

使得土壤富含有机质和微量元素，有利于茶叶的生长和黑茶发酵。

茯砖茶以验收合格的优质黑毛茶为原料。

黑毛茶的生产对于鲜叶要求很高，根据生产黑毛茶的等级采摘。

特级黑毛茶：一芽一叶、一芽二叶初展为主。

一级黑毛茶：一芽二叶、一芽三叶初展为主。

二级黑毛茶：一芽三叶、一芽四叶初展为主。

三级黑毛茶：一芽五叶、六叶为主（驻芽，成熟新梢）。

鲜叶原料按所生产的品级要求加工成黑毛茶，再生产制作成砖型黑茶——茯砖茶。

益阳制作茯茶历史悠久，制茶技术精湛，金花酵库菌种优质，且交通便利，由此形成了显著的品质优势和品牌优势。

茯砖茶品级标准

茯砖茶

特级茯砖茶

选用特级黑毛茶制作，砖面平整，茶条嫩度好，紧结圆直有峰苗，黑褐显毫。砖内金花茂盛，颗粒饱满，分布均匀。

汤色橙红明艳，菌花香纯正持久，带嫩香、花香，滋味浓厚饱满、层次丰富，叶底软嫩黑润显金花。

特级黑毛茶干茶

茶汤

特级茯砖茶干茶内部形状

叶底

一级茯砖茶

采用一级黑毛茶制作，砖面平整，茶条嫩度较好，条索紧卷，黑褐色。砖内金花茂盛，颗粒饱满，分布均匀。

汤色橙红明亮，菌花香纯正持久，滋味醇厚，叶底黄褐显金花。

一级黑毛茶干茶

茶汤

一级茯砖茶干茶内部形状

叶底

二级茯砖茶

采用二级黑毛茶制作，砖面平整，条索呈泥鳅条状，色泽黄褐。砖内金花茂盛，颗粒饱满，分布均匀。

汤色橙红明亮，菌花香纯正持久，滋味醇和，叶底黄褐。

二级黑毛茶干茶

茶汤

二级茯砖茶干茶内部形状

叶底

三级茯砖茶

采用三级黑毛茶制作，砖面平整，条索松扁皱褶，叶张成熟度较高，黄褐色显嫩梗。砖内金花茂盛，颗粒饱满，分布均匀。

汤色橙黄明亮，菌花香纯正持久，滋味纯合，叶底黄褐有金花。

三级黑毛茶干茶

茶汤

三级茯砖茶干茶内部形状

叶底

（七） 困鹿山中古木深，普洱香韵透古今——普洱茶（贡茶）

· 岁月——皇家规范锤炼出的普洱御贡茶

云南普洱茶传统制作工艺历史悠久，最早可以追溯到商周时期献茶的传说。

至唐代，《蛮书》等文献对普洱茶的记载较多，表明普洱茶产区已经形成，并成为一种地方特产远销内地和西藏。宋代，云南茶叶销往西域的数量与日俱增，开拓了茶马市场，影响了东西贸易形态，引起全国重视。据《宋史·食货志》等记载，云南“紧压茶”在宋代已在茶叶分类中占据重要地位。但以上时期缺乏对普洱茶作为贡茶的制度化和规范化管理的详细记录，并不能算真正意义上的普洱贡茶。

云南在元朝时期完全纳入统一治理。元朝的统一治理改善了云南的交通和贸易条件，推动了普洱茶的生产和销售。普洱茶与中原文化的融合不断加深，普洱茶的饮用方式和文化内涵逐渐与中原文化相结合，这种文化融合不仅丰富了普洱茶的文化内涵，也为其进一步传播和发展提供了更广阔的空间。

困鹿山古茶园

明代，普洱茶行销更广，出现了“士庶所有，皆普洱茶”的盛况。明朝崇祯时期，方以智在《物理小识》中记载：“普雨茶蒸之成团……最能化物。”这里的“普雨茶”就是普洱茶，明代普洱茶的名称尚未完全统一，有“普雨茶”“普茶”等称呼。通过记载可知普洱茶的成品精制方法为“蒸之成团”。

到了清朝，普洱茶进一步声名远扬。据清朝廷《贡茶案册》记载，清雍正年间云南普洱茶正式列入贡茶案册。在普洱地（今宁洱）设置“普洱府治”，控制普洱茶购销权力，开始规范、完整、系统地岁岁进贡普洱茶。经普洱府认可，选择距离普洱府最近的宽宏村困鹿山茶园，作为普洱府的御贡茶园。从茶园管理到普洱御用贡茶产品，在皇家御用贡茶园全过程完成生产加工。派兵把守，官方全权把控，管控范围内禁止立号生产、交易茶叶。至清朝末年，宽宏村困鹿山茶园没有出现任何茶叶商号。

清代章履成在《元江府志》中记载：“普洱茶，出普洱山，性温味香，异于他产。”这是普洱茶名词在当地府志文献中的最早记录，不但全名称记录普洱茶，还清晰阐明了普洱茶的确切产地，以及普洱茶因普洱山得名的因果关系，证实了当地确实的茶叶生产加工工艺。

普洱茶进贡的品种花色，各种历史典籍的说法都比较统一，分三类八色。三类分别是：团茶、瓶盛芽茶、匣盛茶膏。有八个衣色，统称八色贡茶。

团茶（五色龙团）：由五斤、三斤、一斤、四两、一两五色组成（共9.5斤，寓意九五至尊）。

瓶盛芽茶：由瓶盛芽茶、蕊茶两色组成。

匣盛茶膏：由锦匣盛茶膏一色组成。

五色龙团

除八色普洱御贡茶之外，还有一种方形的紧压茶，长宽各11厘米，重二两，茶品分福、禄、寿、喜四种，名四喜茶。它是皇帝喜庆日赐给功臣及爱臣的礼物，在清代，拥有四喜方砖茶是身份和地位的象征。

普洱贡茶是特定历史条件下的产物，其合理的生产流程则成为现代普洱茶工艺研发的基础。现在生产的茶品自然没有了“贡品”之说，我们只是应用清朝时期的普洱贡茶制作技艺制作普洱茶。

四喜方砖茶

· 勋章——赓续辉煌的普洱贡茶制作技艺

普洱贡茶独特的传统制作技艺、深厚的历史文化内涵及与之相关的民俗文化是中华茶文化的重要组成部分，在历史文化、民族学、民俗学、科技史等方面均有较高的研究价值，对中国茶文化和茶产业有着深远的影响。

2008年6月，由国务院公布，文化部颁发，普洱茶制作技艺（贡茶制作技艺）列入第二批国家级非物质文化遗产保护名录（宁洱哈尼族彝族自治县文化馆）。

2011年11月，云南省普洱市宁洱县困鹿山贡技茶场被文化部列为第一批国家级非物质文化遗产生产性保护示范基地。

2012年6月，李兴昌被中国非物质文化遗产保护中心授予中华非物质文化遗产传承人薪传奖。

2020年12月，普洱茶制作技艺（贡茶制作技艺）代表性传承人李兴昌，入选中华人民共和国第一届职业技能大赛“中华绝技”优秀展播项目（证书由人力资源和社会保障部代章）。

2022年11月，普洱茶制作技艺（贡茶制作技艺），作为“中国传统制茶技艺及其相关习俗”被列入联合国教科文组织人类非物质文化遗产代表作名录。

2022年12月，由李兴昌、李明泽制作的“纪念中国共产党建党100周年 • 皇室龙团”，被中国茶叶博物馆收藏（展）。

2023年4月，李兴昌入选为第一批全国乡村工匠名师。

2025年3月，李兴昌入选为第六批国家级非物质文化遗产项目普洱茶制作技艺（贡茶制作技艺）的代表性传承人。

· 新篇——普洱茶（贡茶）独特技艺的传承

贡茶开采前必须进行的敬献祭祀仪式，主要内容有三点。

一是感恩：教育人们对大自然、茶园、茶树、先祖们，要有敬畏之心、感恩之情。

二是祈福：教育人们尊重历史，团结一心，展望未来。

三是传承：引导人们把优秀的传统文化、技能传承发扬光大。宣布各类御贡茶的采摘标准，采摘数量。让茶农奉上自己加工的最好的茶品，让大家品尝，进行评判，促进茶农的茶园管理能力、采摘标准、加工水平的提升。

普洱御贡茶的采摘制作非常讲究，坚持五选八弃。

五选：选日子，选时辰，选地块，选茶树，选茶枝。

八弃：弃无芽，弃叶大，弃叶小，弃芽瘦，弃芽曲，弃色淡，弃虫食，弃异色。

在遵循严格选料标准的基础上，分为初制环节和精制环节两个流程。

每个环节都有诸多细小环节，需要加工生产师傅根据当时的气候环境条件等因素进行认真把控，方能达到普洱御贡茶产品要求。

李兴昌在祭祀仪式上

传统技艺示范

示范者：国家级非物质文化遗产项目普洱茶制作技艺（贡茶制作技艺）代表性传承人　李兴昌

鲜叶采摘

普洱御贡茶的初制环节主要有：鲜叶采摘、萎凋（摊青）、杀青、揉捻、晾晒、收储。

原料采选：遵循五选八弃原则。采摘部位一般为单芽、一叶一芽、一芽两叶。

萎凋（摊青）

萎凋（摊青）

将采摘下来的鲜叶均匀地摊放在通风良好的簸箕、竹席或萎凋槽上。萎凋适度的鲜叶，叶片和茶梗变得柔软，叶色由鲜绿转为暗绿，草青味逐渐消退，散发出淡淡的清香。

杀青揉晒

杀青：是将普洱茶鲜叶放入加热的铁锅中，进行手工翻炒。是普洱茶加工工艺以及品质奠定的重要程序之一，温湿度、翻炒速度快慢等，全靠制茶师傅根据茶叶及当时气候环境进行把控。

揉捻：是普洱茶杀青后的重要程序，把杀青完成的茶叶放到簸箕内进行揉捻。制茶师根据鲜叶老嫩、茶芽肥壮程度以及不同季节决定用力程度、把控方向等，目的是使茶芽内部细胞达到相应的破裂程度，使做好的普洱茶原料外表油润光泽，条索紧结美观。

晾晒：揉捻后的茶叶根据日光强弱，决定摊凉的厚薄程度，均匀地摊在簸箕、篾笆或竹席上晾晒，达到相应的干燥程度时，进行收储。

收储：将初制完成的茶叶妥善保存起来，防止茶叶受潮、变质，同时为后续的精制加工或者自然陈化做好准备。

普洱御贡茶的精制环节主要有：衡量（称重）、蒸制、做形、压制定型、干燥、检验（品鉴）、包装（配件）。

衡量：将蒸制前的干毛茶根据产品重量要求进行称重。

蒸制：将衡量过的茶叶放入甑桶中，用蒸汽蒸制，使茶叶变软。

做形：将蒸软的茶叶放入布袋或模具中，手工或机械进行按压成型。常见的形状有茶饼、茶砖、茶沱等。

杀青

揉捻

晾晒

衡量

蒸制

做形

压制定型：使用传统定型工具，如木模、石磨等，将茶叶压制成型。

干燥：将压制好的茶叶成品放置在通风、干燥的环境中自然晾干。

检验（品鉴）：对御贡茶进行外观、形状、重量等方面的检测。对产品的香气、滋味、汤色和叶底进行评判。

包装（配件）：分内包装、外包装和标准件包装。用棉纸进行内包装，用竹壳进行外包装，用竹篮进行标准件包装（配件）。

压制定型

干燥

检验（品鉴）

包装

· 品鉴——普洱御贡茶（三类八色）产品品质特点

困鹿山皇家贡茶园位于云南省普洱市宁洱县，地处无量山南段余脉，这里生长着万亩野生古茶树，形成了完整的原始茶树林群落。其环境优越，地势险

普洱困鹿山皇家古茶树

峻，气候湿润，昼夜温差大，土壤肥沃。这些独特的自然条件使得茶树生长缓慢，质地紧密，茶叶内含物质丰富。

特定的地理区域、独特的气候环境、茶树品种的多样性及特定的生产加工工艺、贮藏和运输方式，共同造就了普洱茶独具特色的茶味，使得普洱茶在众多茶品中脱颖而出，深受帝王青睐。

普洱御贡茶（二色）晒青散茶类采摘标准

1. 普洱御贡茶单芽晒青茶（散茶），单芽100%。

鲜叶原料

汤色

2. 普洱御贡茶一芽一叶晒青茶（散茶），一芽一叶100%。

鲜叶原料

汤色

普洱御贡茶（五色龙团）紧压晒青茶类采摘标准

普洱御贡茶一芽二叶晒青茶（五色龙团紧压茶），一芽二叶100%。

鲜叶原料

汤色

存放故宫100多年的龙团

现代贡茶制作技艺龙团

普洱御贡茶（一色）茶膏晒青茶类采摘标准

普洱御贡茶茶膏晒青茶（熬制茶膏原料），一芽二叶以上及其他同嫩度的茶鲜叶。

一芽二叶鲜叶

普洱御贡茶膏

普洱御贡茶条索肥嫩紧结，芽毫显，色泽绿润，外形匀整，稍有嫩茎。香气清香浓郁，滋味浓醇回甘，汤色黄绿清净，叶底柔嫩显芽。

普洱御贡茶晒青毛茶干茶

普洱御贡茶晒青毛茶茶汤

普洱御贡茶晒青毛茶叶底

普洱御贡茶工艺奠定了普洱茶的发展根基，造就了普洱茶日久弥香的特点。

普洱茶产品在保持传统工艺制作到位、储存条件得当的前提条件下，在相应时间范围内越陈越香。

散茶自然储存52年的普洱茶干品及汤色

（八） 徽州儒贾吴裕泰，茉莉花香飘京城——茉莉花茶

· 岁月——从北新桥的门洞到连锁茉莉花茶庄

徽州位于安徽南部，历史上辖有“一府六县”：歙县、休宁、黟县、祁门、绩溪、婺源（今归属江西省）。徽商，作为中国明清时期最有影响的商派，其经营理念与生活方式深受儒家思想影响，崇文重教。

在清朝末年，徽州歙县昌溪古镇的儒商吴家来到京城（北京），在北新桥大街路东的一个大门洞开始了他们的茶叶生意。当时，他们的包装纸上仅印有“北新桥路东大厅便是”的字样，以便顾客寻找。经过数年的努力，吴家买下了这个大门洞，经过修缮后将其建成了店铺门面，并正式起用了“吴裕泰”字号。1887年（清光绪十三年），吴裕泰茶栈正式悬匾开张，由创始人吴老太爷主持经营。

吴裕泰九十年代北新桥店

吴裕泰以拼配花茶为经营特色，其拼配的茉莉花茶都是自己窨制加工，运到茶店后再将各种原茶按适当比例拼配，经过反复品尝达到茶叶外观、色、香、味俱佳的品质，做到各个档次均有其独到的口味。当时的吴裕泰茶叶虽然是以中低档茶叶为主，但是对高档茶叶越发精益求精，比如高档

茉莉茶除拼配得法，更要载货箱内每日放进鲜茉莉花至次日更换，出售时再给加上几朵鲜茉莉花，使得茶叶香味浓郁，顾客也会感到无限欣喜。至于各种原茶加工制作，鲜花窨制，各茶拼配之法，都有一套专用工具及独到的技艺。吴裕泰的拼配技艺最初由吴老太爷及其家族成员传承。他们从安徽、浙江、福建等地采购优质茶坯，并派专人到福州、苏州等地窨制茉莉花茶。制作好的茶叶由徽州运到杭州，再走京杭大运河，到达北京东郊的通县，由通县运至北新桥，经拼配加工再发配到各个茶庄。

由于当时吴裕泰茶栈以仓储、运销、批售为主，门市零售为辅，因此称为“茶栈”，而不是“茶庄”。随着生意的日益壮大，吴家购买了更多的院落进行重新修建，修缮完成后，茶叶货栈业务便在这里全面展开。

吴裕泰的创始人吴老太爷去世前，所有产业分给五个儿子。其中，四房、五房和六房三兄弟共同成立了“礼智信兄弟公司”，继续经营家族的茶叶生意。公司创建之初，产业分为三个部分：礼记的吴德利茶庄（西号）、吴德利茶庄（北号）；智记的吴裕泰茶栈、吴鼎裕茶庄；信记的协力茶庄和协顺香烛百货铺。尽管产业被分成了多个部分，但三兄弟仍以“吴裕泰”为总号，保持了家族品牌的统一性。为了更好地经营和发展，三兄弟共同对家族的大院进行了改造。当时，人们称这个大院为“吴裕泰大院”。20世纪初，外埠茶商不再进京，礼智信兄弟公司抓住这一市场变化，将茶庄开到天津，进一步扩大了市场份额。

到了20世纪30年代初期，公司总管吴四（吴锡卿）先生因体弱多病，公司总管之职转由吴六先生（吴澄波）接手。

新中国成立后，“吴裕泰”由吴家最后一个掌门人吴植生管理，直至1955年12月10日，“吴裕泰”被定为北京茶叶系统私营企业步入社会主义阵营的试点单位，于是在茶叶行业里，“吴裕泰”第一个完成了公私合营的历史转折，告别了私营历史。公私合营后，“吴裕泰茶栈”改名为“吴裕泰茶庄”，划归东城区副食品公司。“吴裕泰”公私合营后，虽然经营模式、管理制度已与国有企业接轨，但其厚重的文化底蕴依然使它展现着独具一格的魅力。

1967年北新桥大街被更名为“红日路”，“吴裕泰茶庄”被“红日茶店”代替。

1985年，“红日茶店”恢复吴裕泰茶庄字号。第四代传承人张文煜老先生重返岗位，吴裕泰茉莉花茶制作技艺重获完整传承。

1997年开始组建吴裕泰茶叶公司，由孙丹威担任经理，并开始发展连锁模式，用现代的管理方式和商业模式把这家老字号重新发扬光大。开设茶叶连锁店吴裕泰是第一家，实现茶业连锁店的信息化吴裕泰也是第一家。

2000年4月，吴裕泰茶叶消费学校成立，旨在普及茶叶知识，推广茶文化，提升消费者的茶叶消费体验。2001年，在福建政和县石屯乡西津村建京泰茶厂，同时建立茉莉花生产基地。标志着吴裕泰在茶叶生产基地的布局上迈出了重要一步。

吴裕泰以“制之惟恐不精，采之惟恐不尽”为理念，凭借其深厚的历史底蕴、精湛的制作技艺和不断创新的精神，成为中国茶文化的重要代表之一。

· 勋章——不断发展的吴裕泰茉莉花茶

吴裕泰
北新桥总店

花茶是我国特有的茶类，以其“以花名茶，以茶胜花”的独特魅力闻名。吴裕泰茉莉花茶凭借“自采、自窨、自拼”的独门窨制技艺，不仅展现了卓越的品质，更承载了深厚的老北京文化底蕴。

1995年，“吴裕泰”被国内贸易部授予“中华老字号”称号。

1999年公司通过了ISO9002国际质量体系认证，是我国第一个获得国际认证的茶叶企业，也是第一个获得此项认证的老字号企业，同年吴裕泰王府井店开业。

2002年5月，被中国商业联合会授予“中国商业名牌企业”。

2003年，由中共中央宣传部、商务部等单位联合公布的五十八家第四批全国“百城万店无假货”活动示范店，也是茶行业唯一的一家。

2004年，公司经理孙丹威获得了“北京茶叶十大风云人物”的称号，2017年获得茶叶行业终身成就奖，2020年获得“中华杰出茶人”称号。

2011年，茉莉花茶制作技艺（吴裕泰茉莉花茶制作技艺）被列入第三批国家级非物质文化遗产代表性项目名录。

2012年12月孙丹威成为第四批国家级非物质文化遗产项目花茶制作技艺（吴裕泰茉莉花茶制作技艺）代表性传承人。

2022年12月，花茶制作技艺（吴裕泰茉莉花茶制作技艺）作为“中国传统制茶技艺及其相关习俗”项目之一被列入联合国教科文组织人类非物质文化遗产代表作名录。

相关证书

· 赓续——吴裕泰茉莉花茶独特技艺

花茶又名“熏花茶”“窨花茶”“香片”，属于再加工茶类。其中，茉莉花茶是绿茶的再加工茶，采用优质烘青绿茶作为茶坯，经多次窨制加工而成，茶引花香，花增茶味，茶味与花香巧妙地融合，构成了茉莉花茶特有的品质，实属花茶中之珍品。

吴裕泰茉莉花茶技艺主要包括茶坯选择、花源选择、鲜花养护、窨制拼和、通花散热、收堆续窨、起花、烘焙、裕泰秘配9道工序。

传统技艺示范

示范者：国家级非物质文化遗产项目花茶制作技艺（吴裕泰茉莉花茶制作技艺）代表性传承人　孙丹威

茶坯选择

窨制茉莉花茶的茶坯通常都是以优质烘青绿茶茶坯为原料，一般采用春茶茶坯。

吴裕泰为了窨制独具特色的茉莉花茶，在我国优质茶产地选育优良茶树品种，保证了优质茶坯的供应。

茶柸选择

花源选择

花源选择

吴裕泰选用的茉莉花，均在气温高、日照充足的夏至到处暑之间采摘，这个时间生长出的茉莉鲜花香气浓度最高。为了保证鲜花最优的品质，在采摘时间上还定有“上午不采，阴天不采，雨后三天不采”的严格要求。

鲜花养护

香气是茉莉花茶的灵魂，鲜花养护是通过摊晾、养护、筛花等工艺流程保持鲜花生机旺盛，促进鲜花开放、吐香。

摊晾、养护

筛花

窨制拼和

窨制拼和

将鲜花与茶拼和在一起，让鲜花吐放的香气直接被茶叶吸收。吴裕泰对于配花量、鲜花开放度、温度、窨堆厚度及时间这五点要素的控制都有着严格的标准。

通花散热

通花散热

通花是为了散热降温，充分供给新鲜空气。通花时把在窨的茶拔开摊凉，以利于鲜花恢复生机继续吐香，提高香气的鲜灵度。

收堆续窨

收堆续窨

为了使茶坯继续吸收香气，将摊开的茶叶再次收堆续窨。

起花

起花

窨制后经过一段时间，花的香气已被茶坯所吸收，花失去生机，这时要及时起花。起花后要求茶中无花蒂、花叶，花渣中无茶叶。

烘焙后茶叶

烘焙

运用“低温慢烘”等独门技艺，去除多余水分，以便于转窨、拼配等程序。这是传承技艺的重要环节。

从窨制拼和到烘焙是一个窨次，吴裕泰的茉莉花茶无论等级高低，均要反复窨制多次，高档花茶窨次更多。

裕泰秘配

裕泰秘配

经过窨制的各个档次花茶原料送到吴裕泰后，根据吴裕泰茉莉花茶的品质特征，经过技术人员精心多次拟制秘方，形成吴裕泰自拼花茶独特的风格。

· 品鉴——吴裕泰茉莉花茶特点

优质的吴裕泰茉莉花茶色泽翠绿，白毫显露，条索紧结，匀整。茶应有浓郁的茉莉花香，香气鲜灵、纯净，无异味。优质茉莉花茶的香气持久，即使多次闻香，仍能感受到明显的花香。

将茶叶放入杯中，注入沸水后，立即能闻到浓郁的茉莉花香。热茶香应鲜灵、高长，有明显的花香与茶香融合的感觉。花香应浓郁且持久，无杂味。待茶汤冷却后，再次闻香，优质茉莉花茶的冷香依然浓郁，且更加清新。优质茉莉花茶耐泡性强，即使多次冲泡，仍能保持较好的香气和滋味。通常可以冲泡3～5次，每次的香气和滋味变化也能体现茶的品质。

叶底色泽嫩绿或黄绿，鲜活明亮，呈现出茶叶的鲜嫩状态。叶底芽叶完整，嫩度高，叶片柔软且有弹性，匀整度好，无明显碎叶或茶梗。

优质吴裕泰茉莉花茶入口应有明显的鲜爽感，茶汤在口腔中感觉清新、爽口，滋味醇厚，有较好的甜润感和回甘效果。优质茉莉花茶的滋味浓醇，不苦不涩。回甘效果明显且持久，吞咽茶汤后，口腔内仍有余味。

干茶

冲泡

叶底

第十一章 人文空间茶生活

物质存在于空间中，我们生活在时光里。是时空的交错，成就了我们的感受。在无限的宇宙中，感知物体与空间的关系，通过『物』的空间，感受变化的时间中，那些存在过的文化符号，在新的时空中与新的人不期而遇。

人文空间是一种呈现，一种体验，一种感受。

一个『茶』字的构造蕴含着独特而深刻的意蕴——『人在草木中』，这一理念宛如一把钥匙，为构建人文空间提供了一种全新的视角与路径。它不仅揭示了人与自然的紧密联系，更指引着我们在现代生活中寻回那份质朴、纯粹与和谐。而茶，经历时光的淬炼，跨越时间的维度，成为打造一个兼具功能与美学、物质与精神的栖居之所的核心。静态的空间里的桌椅几案，用不同的呈现方式带来的是不同的茶文化体验。

茶，这片神奇的树叶，从古老的山林间走出，融入千家万户的生活，成为中国人独特的文化符号与生活方式。而今从绿茶的清新、白茶的淡雅，到黄茶的柔和、青茶的馥郁，再到红茶的醇厚、黑茶的深沉、普洱茶的浓郁以及茉莉花茶的香甜，每一种茶都承载着不同的地域风情、历史记忆与情感寄托。

『人文空间茶生活』是一种茶意的应用场景，是闲情逸致、诗意盎然、雅趣相映的人文活动形成的互动空间。通过茶具、茶书、茶画等具有传统文化特色的物品，进行空间布局，使茶元素能够很好地展现不同的文化意味，造就不一样的茶文化境界。

（一） 闲情茶境

国韵翰墨人文空间 • 宏坤创艺

远离喧嚣，堂间闲坐。一盏香茗在手，拈盖拨茗，轻押一口，缓解了所有的疲劳。可以静坐无为，享受这份静心时刻。也可与三两好友闲谈共坐，畅谈生活点滴，畅想未来际遇。一方空间何以成“境”，就在一叶之微，一时之兴，一盏之间。

“闲情茶境”是人们独坐放松的地方，也是社交与情感交流的场所。它不需要太多的空间装饰，一张茶几，几本茶书，随手采来的野花插在小小的梅瓶中，配上几盏盖碗茶。空间的动与静，似乎就是几盏茶的事情。

明清形成了一盏、一盖、一碟式的三合一茶盏——盖碗。盖碗又称“三才碗”，由茶盖、茶碗和茶船组成。盖为天，托为地，碗为人，将“天、地、人”的概念融入日常生活，寓意“天时、地利、人和”，也代表着人顺应自然、适应自然、与大自然融为一体的生活哲学。

盖碗茶的冲泡过程严谨而富有仪式感，每一步都蕴含着对细节的关注和对品质的追求。从净具、赏茶、温碗、置茶、润茶、注水、闻香到品饮，每一个环节都需专注且从容。这种严谨的冲泡流程看似是对品茶的要求，实际上也体现了为人处世的道理。让人们在忙碌的生活中暂时放慢脚步，沉浸于茶事的每一个细节之中，正是闲情茶境的核心所在。通过盖碗茶的冲泡，人们能够暂时忘却外界的喧嚣与纷扰，享受片刻的宁静与悠然。

作者：李文跃

中国工艺美术大师、国家级非物质文化遗产项目“景德镇手工制瓷技艺”代表性传承人

（二）诗情茶境

国韵翰墨人文空间•松亭茶肆

安静、明亮的茶室，简洁而雅致。茶席置于中央，席上放置的紫砂壶透着温润的光晕，杯盘按序列排开。几抹绿色点缀其间，植物的生机让人心生欢喜。光影的变化让空间的气氛随光线而变化，使茶境更具诗意。

茶与诗在文人的世界里总是相互关联的。以诗赞茶香，以茶引诗情，大概是“诗意茶境”的内核。诗意的品茶离不开赏器，林语堂先生曾说“只要有一把茶壶，中国人到哪里都是快乐的”，而紫砂壶大概是这种诗意品茶之器的最好载体。

紫砂壶是中国传统茶具中的瑰宝，以其独特的材质、工艺、造型和文化内涵而闻名于世，其造型和装饰设计融入了中国传统文化元素，如诗词、书画、历史故事等，使其不仅是一种茶具，更是一种具有高艺术价值的文化符号。且紫砂壶能够完美地传递出茶的色香味，透气性使其成为泡茶的理想选择，而其材质的细腻和颗粒感则赋予了它温润如玉的质感，与中国传统文化的底蕴相契合。

灵气中尽藏温婉，空间里的紫砂，将茶香孕育，将诗情发酵。纵使是相同的茶，在不同的紫砂壶的沁润下，也会展现不同的韵味。

作者：李昌鸿

中国工艺美术大师

明代诗人杨基的“月华今夜黑，全见梨花白”，让我不禁想起夜晚品茶的情景。那幽香的茶气，以素雅之美和自然之韵融合，满足爱茶人对东方美的追求。洁白、细腻如玉的质感，以及光滑的釉面，真是让人惊叹于“中国白”的美誉。如光影散落，如脂似玉、冰肌玉骨，让人不禁感叹器物之美的魅力。那样场景透露出如出水芙蓉般的气质，这正是白瓷赋予茶的独特魅力，也是诗意的灵泉。

合作作者：

许瑞峰

中国工艺美术大师、国家级非物质文化遗产代表性项目“德化瓷烧制技艺”的代表性传承人

许瑞卿

福建省非物质文化遗产保护项目“德化瓷烧制技艺”代表性传承人

（三） 雅趣茶境

国韵翰墨人文空间 · 朝朝居

国韵翰墨人文空间 · 山峰一号

何为雅趣？是今日天气此时好，此时兴起，便约三五好友于庭院，摆桌做茶。或品鉴，感受茶艺精妙；或比试，论道茶思深浅；或创意，只为悠然一刻独创一日茶画。

所谓“雅趣茶镜”是属于人之性情的，将追随自我与外在的“场”所融合的空间境界。而能融“雅”与“趣”于一身的，自然是点茶之法。点茶与雅趣的关系也在于其技艺性、文化性、审美性和社交性的结合。

在宋代的文人四雅中点茶、焚香、挂画、插花，皆体现了文人雅士对生活的追求，点茶本就从茶艺活动发展而来，不仅是个人的体验，也是一种社交互动的方式。在宋代的斗茶活动中，人们通过比拼点茶技艺，交流茶道心得，增进了彼此之间的友谊。在现代社会，点茶技艺的传承和创新为人们提供了一种体验传统文化和追求雅趣生活的方式。

以点茶为中心的雅趣空间的布置，更加注重野趣、天然。庭院式的布置，古朴的茶桌配上点茶特有的器具，方成茶境之妙。

点茶中黑釉盏因能凸显浮沫颜色而备受推崇，其中以建窑的黑釉瓷最为著名，称之为“建盏”。建盏在宋代以兔毫和鹧鸪斑为精品。用兔毫盏点茶在宋代就很流行，盏釉与茶沫黑白相映，容易观察茶面品质。时至今日，兔毫盏依然是茶境中点茶时不可或缺的器具。

点茶技艺示范

示范者：全国轻工行业劳动模范、国家级非物质文化遗产项目“建窑建盏烧制技艺”省级代表性传承人　孙莉

点茶常用的器具（从左到右）：茶渣斗、盏托、建盏、茶筅、茶入、茶匙、银勺、执壶、茶巾。

茶巾：清洁茶具，保持桌面干净。

兔瓯出浴：用沸水烫淋茶盏。宋人点茶推崇使用闽北建窑的兔毫盏，也称“兔瓯”。

曲尘出宫：取抹茶加入茶盏。

融胶初洁：将抹茶调成膏状，古人称“融胶”。

周回一线：环盏周注水，势不欲猛，勿使倾。

竹筅击拂：用竹筅击拂茶盏，要求手轻筅重，指绕腕转。

持瓯献茶：将茶盏放入盏托，献给宾客。